SiC 粉体的催化制备
及其在耐火材料中的应用

王慧芳　著

U0318950

北　京

冶金工业出版社

2023

内 容 提 要

本书以低温催化制备高性能自结合 SiC 耐火材料为中心，将催化工艺在制备 SiC 粉体中的研究工作进行了系统总结，并且应用此工艺制备了自结合 SiC 耐火材料，对其性能进行了系统的研究和分析，应用第一性原理给出了解释，为今后继续开发其他人工高性能原料、制备高性能复合耐火材料提供借鉴和参考。

本书可供从事耐火材料相关工作的科研及工程技术人员阅读，也可供高等院校材料科学与工程相关专业师生学习或参考。

图书在版编目（CIP）数据

SiC 粉体的催化制备及其在耐火材料中的应用/王慧芳著．—北京：冶金工业出版社，2023.6
ISBN 978-7-5024-9505-3

Ⅰ.①S… Ⅱ.①王… Ⅲ.①陶瓷复合材料—制备 ②陶瓷复合材料—耐火材料 Ⅳ.①TQ174.75 ②TQ175.79

中国国家版本馆 CIP 数据核字（2023）第 081815 号

SiC 粉体的催化制备及其在耐火材料中的应用

出版发行	冶金工业出版社	电　话	（010）64027926
地　址	北京市东城区嵩祝院北巷 39 号	邮　编	100009
网　址	www.mip1953.com	电子信箱	service@ mip1953.com

责任编辑　王悦青　美术编辑　吕欣童　版式设计　郑小利
责任校对　梅雨晴　责任印制　禹　蕊
北京印刷集团有限责任公司印刷
2023 年 6 月第 1 版，2023 年 6 月第 1 次印刷
710mm×1000mm　1/16；9 印张；175 千字；136 页
定价 59.00 元

投稿电话　（010）64027932　投稿信箱　tougao@cnmip.com.cn
营销中心电话　（010）64044283
冶金工业出版社天猫旗舰店　yjgycbs.tmall.com
（本书如有印装质量问题，本社营销中心负责退换）

前　言

SiC 耐火材料是重要的非氧化物耐火材料之一，具有优异的力学性能、热震稳定性及化学稳定性，被广泛应用于钢铁及有色金属冶炼行业，起着不可替代的重要作用，如在陶瓷行业可用作棚板和横梁，在有色金属冶炼行业可用作电解槽衬砖，在钢铁行业可用作高炉砌筑砖，在玻璃行业可用作隔火板等。目前我国自结合 SiC 材料的年产量约为 20 万吨，在国际市场上也有较高的占有率。目前工业制备自结合 SiC 耐火材料的工艺中存在着以下几个亟待解决的问题：（1）制备温度较高，生产周期长；（2）所得到的自结合相 SiC 大多呈颗粒状或无规则状，很难得到足够量晶须状 SiC 结合的 SiC 耐火材料，其综合性能也有待进一步提高。有关如何提高自结合 SiC 耐火材料性能的研究一直是耐火材料行业的热点问题。

为了使广大耐火材料研究者、从业者更系统地了解 SiC 耐火材料的基础知识和相关研究进展，本书在总结作者本人相关研究工作的基础上向广大读者系统介绍了 SiC 的基本知识及 SiC 耐火材料的发展。

本书共 5 章，重点叙述了以 Fe、Co 和 Ni 的硝酸盐为催化剂前驱体，催化碳化膨胀石墨和 Si 粉合成了 3C-SiC 粉体，并应用第一性原理探究了原位 Fe、Co 和 Ni 纳米颗粒催化合成 3C-SiC 的机理。在此技术和理论基础上，以过渡金属 Fe、Co 和 Ni 的硝酸盐为催化剂前驱体，Si 粉和不同粒度的 SiC 颗粒为原料，在 Ar 气氛下，经不同温度催化碳化反应制备了自结合 SiC 耐火材料，研究了制备的自结合 SiC 耐火材料的常温及高温使用性能。

相关研究结果表明，原位生成的 Fe、Co 和 Ni 催化剂可使自结合 SiC 耐火材料的完全反应温度降低到 1573K，比无催化剂时降低了约 100K；其常温抗折强度、耐压强度、断裂韧性和断裂表面能最高，是相同条件下无催化剂试样的 2 倍以上，自结合 SiC 耐火材料的高温力学性能、抗氧化性能、抗热震性能和抗冰晶石侵蚀性能也有明显的改善。第一性原理计算结果证明，过渡金属纳米颗粒与反应物之间强的相互作用削弱了 C ═C 键、Si—O 键及 C—O 键自身的结合强度，从而促进了 3C-SiC 的成核和生长。其中，Fe 纳米团簇吸附 C ═C 键、Si—O 键及 C—O 键的吸附能最大，催化效果最明显，与实验结果相符。产物中生成了大量的 3C-SiC 晶须，其生长过程包括低温催化成核和高温气相生长两个过程。低温下 3C-SiC 晶核的大量生成应该是产物中生成大量 3C-SiC 晶须的决定因素。自结合 SiC 耐火材料性能的提高归因于这些呈网络结构、交叉分布于基质中的 3C-SiC 晶须。

　　本书在编写过程中得到了武汉科技大学张海军教授、顾华志教授，河南科技大学周宁生教授等同仁的大力支持，他们为本书提出了许多宝贵的修改意见。在此对所有为本书的出版做过贡献的老师表示衷心的感谢。

　　耐火材料是一门涉及众多领域知识的学科。由于作者水平所限，书中若存在不足之处，敬请各位读者批评、指正。

作　者

2023 年 1 月

目　　录

1 绪 论

进入 21 世纪，国内外耐火材料工业原料已从天然原料为主发展为天然原料与合成原料并用，新型耐火材料的发展也向着氧化物-非氧化物复合及非氧化物-非氧化物复合的方向发展[1-2]。

SiC 以稳定的高温化学性能、优异的高温强度、高耐磨性能及良好的抗热震性能而被广泛应用于钢铁及有色金属冶炼行业[3-7]，如高炉风口、内壁及陶瓷杯、各种炉壁的内衬材料及窑具材料等。与金属和金属间化合物相比，它具有更高的高温强度和抗蠕变性能。与氧化物陶瓷相比，它具有更高的热导率和抗热震性能[8]。

常见的 SiC 复合耐火材料包括 Sialon 结合 SiC、Si_3N_4 结合 SiC、Si_2N_2O 结合 SiC 和 β-SiC 结合 SiC 耐火材料（自结合 SiC 耐火材料）等[9-12]。其中，自结合 SiC 材料具有制备原理简单、材料的热学及力学性能匹配性好、生产成本低等优点。但传统的自结合 SiC 耐火材料存在着结合相以颗粒状 SiC 为主、结合强度低和制备温度高等问题。因此，提高自结合 SiC 耐火材料中结合相的强度，控制结合相的形貌和含量，改善自结合 SiC 耐火材料的性能，同时降低其制备温度具有重要的意义[1-2]。

1.1 碳化硅晶须的制备、性能与应用

碳化硅，俗名金刚砂，又称莫桑石，化学式为 SiC，是一种典型的共价键化合物，在自然界几乎不存在。美国人 E. G. A cheson 在 1891 年首次发现了碳化硅[13-14]，该物质是 Si-C 二元系中唯一的二元化合物，只以莫桑石的矿物形式存在于自然界的陨石中。

SiC 晶体结构中的单位晶胞是由相同四面体构成的，Si 原子处于中心，周围是 C 原子。四面体共边形成平面层，并以顶点与下一叠层四面体相连形成三维结构[15]。

SiC 具有 α 和 β 两种晶型。β-SiC 是立方晶系，Si 和 C 分别组成面心立方格子；α-SiC 存在着 2H、4H、6H、8H、15R 等 250 余种多型体[16]，其中，6H 多型体在工业上应用最为广泛。图 1.1 为常见的 3 种 SiC 的结构。表 1.1 为 SiC 常见多型体及原子排列。

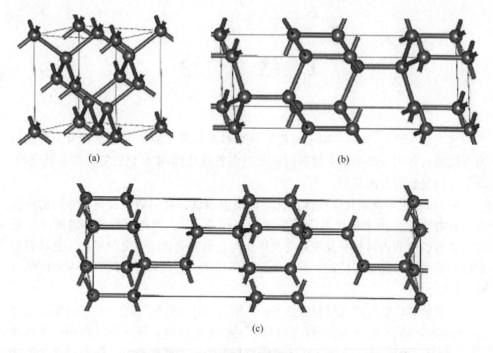

(a)　(b)　(c)

图 1.1　常见的 3 种 SiC 的结构

（a）3C-SiC 的结构晶型；（b）4H-SiC 的结构晶型；（c）6H-SiC 的结构晶型

表 1.1　SiC 常见多型体及原子排列

多型体	晶体结构	单位晶胞中的参数	原子排列次序
C	六方	1	ABCABCABC
2H	六方	2	ABABAB
4H	六方	4	ABACABAC
6H	六方	6	ABCACBABCACBA
8H	六方	8	ABCABACBA
15R	菱方	15	ABCACBCABACABCBA

　　SiC 的多型体之间存在着一定的热稳定性关系。当温度小于 1600℃时，SiC 以 β-SiC 形式存在；当温度大于 1600℃时，β-SiC 缓慢地转变为 α-SiC 的各种多型体[17]。4H-SiC 在 2000℃左右容易生成，6H 和 15R 多型体均需在 2100℃以上的高温下才能形成。当温度大于 2760℃时，SiC 多型体分解为 Si 蒸气和 C[15]。

SiC 晶须是沿（111）面生长的各向异性的单晶体，直径在纳米级至微米级，具有密度低（$3.21g/cm^3$）、熔点高（> 2700℃）、强度高（抗拉强度为 210MPa）、模量高（弹性模量为 $4.9 \times 10^3 MPa$）、热膨胀率低及耐腐蚀等优良特性[13-17]。晶体内化学杂质少，无晶粒边界，晶体结构缺陷少，结晶相成分均一，长径比大，其强度接近原子间的结合力，是最接近于晶体理论强度的材料，是金属基、陶瓷基和高聚物基等先进复合材料的优良增强、增韧相[18-19]，已广泛应用于机械、电子、化工、能源、航空航天及环保等众多领域[20-21]。研究表明，在氧化铝基材料中加入体积分数为 20% 的 SiC 晶须，可以将材料的断裂韧性从不足 $3.0MPa \cdot m^{1/2}$ 增加到 $8.5MPa \cdot m^{1/2}$；将其抗折强度从 400MPa 提高到 700~800MPa[22-24]。

1.2 SiC 晶须的制备

SiC 晶须的合成方法主要有 Si-C 直接反应法、化学降解法、气相沉积法、液相析晶法、碳热还原法、溶胶-凝胶法、熔盐法、水热法及微波辅助加热法等[25-29]，采用这些方法合成 SiC 晶须的优缺点见表 1.2。

表 1.2 SiC 晶须合成方法的优缺点对比

制备方法	Si-C 反应法	化学降解法	液相析晶法	碳热还原法	溶胶-凝胶法	熔盐法	水热法
优点	产物纯度高，易于批量生产	原料来源广，反应温度低	产物纯度高	原料来源广，工艺简单	产物均匀，纯度高	反应温度低，纯度低	反应温度低，纯度高
缺点	反应温度高，时间长，反应不完全，产物中颗粒和晶须夹杂	成本高，次反应产物多，难分离	反应温度高，时间长，过程难控制，颗粒和晶须夹杂	反应温度高，杂质难分离	成本高，反应周期长	需水洗去除熔盐介质	过程难控制，产量低

根据反应介质的不同，将合成一维 SiC 晶须的方法分为 3 类[30-32]：（1）气-固-液合成法[33-35]，此时晶须的生成过程在气相、液相及固相的参与下完成，该过程通常需要加入过渡金属、碱金属或者稀土金属催化剂；（2）气-固合成法[36-38]，反应直接在气-固表面进行，不需引入催化剂；（3）液相合成法[39-40]，即反应在液相中进行，根据所使用溶剂的不同，该方法又可以分为熔盐法、熔剂热法和非水溶液法等[41-42]。

1.2.1 气-固-液法

气-固-液法合成 SiC 晶须需要液相的参与，液相一般起源于所使用的催化剂，通常为过渡金属催化剂，催化剂会在高温下先形成液滴，而后液滴作为反应介质吸收反应气体，当达到 SiC 的饱和度时，SiC 晶须从液固界面成核、生长。

古卫俊等人[43]通过稻壳先炭化再高温反应两步法制备了 SiC 晶须，并研究了温度、催化剂、气氛和时间等对合成 SiC 晶须的影响。结果表明，SiC 晶须的开始合成温度约为 1473K；在合适的温度范围内，温度越高，SiC 晶须的产率越高，1673K 为适宜的合成温度。气氛对 SiC 晶须的合成有较大的影响，真空条件下产物中无 SiC 晶须的生成；在 Ar 气氛下引入 Fe 和 NaF 为催化剂能促进 SiC 晶须的生成和长大，所合成的 SiC 晶须表面光滑，图 1.2 为在 1673K 下加入 Fe 和 NaF 的混合催化剂分别反应 2h 和 4h 后生成 SiC 晶须的显微结构照片。从图中可知，1673K 反应后产物中存在着大量长径比高的表面光滑的 SiC 晶须，同时适当延长保温时间，有助于晶须的生成。

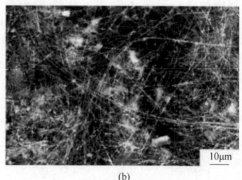

(a)   (b)

图 1.2 以稻壳为原料 1673K 热处理合成的 SiC 晶须[31]

(a) 2h；(b) 4h

Liang 等人[44]先制备出含有氧化铁的二氧化硅干凝胶，再用氢气将氧化铁还原成粒径为 3~5nm 的 Fe 纳米颗粒，如图 1.3（a）所示；在 Fe 纳米颗粒催化剂的作用下，经气相反应合成了外部包裹无定型 SiO_2 的 SiC 晶须。研究结果表明：（1）高温下纳米 Fe 颗粒可以均匀分散在介孔 SiO_2 溶胶中；（2）Fe 的粒度决定着 SiC 晶须的直径；（3）制备的 SiC 晶须直径为 20~50nm。图 1.3（b）是合成的 SiC 晶须的低倍透射电镜照片，从图中可知，SiC 晶须粗细均匀，长径比大，晶须的末端存在着液滴状的球形颗粒；图 1.3（c）的高倍透射电镜图表明，SiC 晶须外部被无定型 SiO_2 包裹，晶须沿着（111）面的法线方向生长。

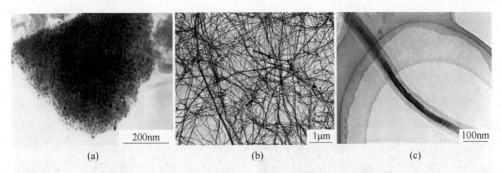

图 1.3 Fe 纳米颗粒为催化剂合成 SiC 晶须的 TEM 照片[32]

(a) Fe 纳米颗粒均匀分布于 SiO₂ 溶胶中的 TEM 照片；(b) SiC 晶须的低倍透射电镜照片；

(c) SiC 晶须的高倍透射电镜照片

Yang 等人[45]以 Fe、Ni 为催化剂制备了直径约为 100nm、长几十微米的 SiC 晶须。图 1.4 (a) 和 (b) 分别为制备的 SiC 晶须的低倍和高倍的 SEM 照片，从图中可知，SiC 晶须由直晶和弯晶组成，晶须顶端存在的催化剂液滴表明其生长机理为气-固-液生长机理。图 1.4 (c) 和 (d) 的 TEM 及 HRTEM 照片表明，所生成的晶须为 SiC，且沿着 (111) 面的法线方向生长，其晶面间距约为 0.25nm。

图 1.4 SiC 晶须在 Fe-Si 液相表面生长的 SEM、TEM 和 HRTEM 照片[45]

(a) 低倍 SEM 照片；(b) 高倍 SEM 照片；(c) TEM 照片；(d) HRTEM 照片

Wang 等人[46]以 Fe（NO$_3$）$_3$ 为催化剂制备了定向生长的 6H-SiC 晶须。研究表明，SiC 晶须的生长方向取决于基板的表面方向，晶须沿着晶格应变能最低的方向生长。图 1.5（a）和（b）分别为在单晶 SiC 基板（0001）面上生长的 6H-SiC 晶须的顶视图和侧视图。从图中可知；（1）合成的 6H-SiC 晶须表面光滑、尺寸均匀，其顶端催化剂小球的存在表明其生长机理为气-固-液生长模式；（2）晶须沿着与基板方向成 20°的晶格应变能最低的方向定向生长。

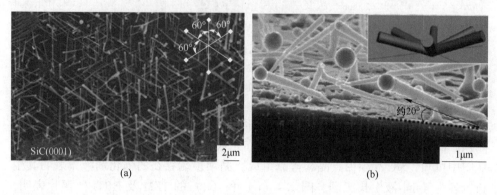

(a)　　　　　　　　　　　　　(b)

图 1.5　生长于单晶 SiC（0001）面的 6H-SiC 的视图[34]

(a) 顶视圈；(b) 侧视图

Niu 等人[47]在 1823K 下，以二茂铁挥发出的 Fe 为催化剂，以其挥发出的 C 为碳源，以金属硅粉为 Si 源制备了 β-SiC 晶须。Sun 等人[38]以金属 Si 为硅源，炭黑为碳源，金属 Si 和炭黑中含有的杂质 Fe 为催化剂，在 1523K 反应后合成了 β-SiC 晶须。研究发现，温度会影响催化剂液滴的直径，而催化剂液滴的直径则决定着 β-SiC 晶须的形貌。当反应温度升高到 1573K 和 1623K 时，晶须变成了圆柱状和圆锥状。Feng 等人[41]以 Fe 为催化剂，在 1773K 热解聚硅氮烷前驱物制备了 β-SiC 晶须。研究发现，高温下，聚硅氮烷热解产生的 SiO 和 CO 气体先与 Fe 形成 Fe-Si-C 合金液滴；当温度降低时，SiO 和 CO 的溶解度也降低，从而导致了 SiC 晶须在液-固界面上的生长。研究表明，SiC 晶须的生长应该发生在降温阶段而不是升温阶段或者保温阶段，且降温速率对晶须形貌有重要的作用，当降温速率分别为 10K/min、5K/min 及 2K/min 时，产物中可以生成针状、圆锥状及球状的 SiC。

气-固-液法合成的 SiC 晶须具有晶须形态和生长方向可控、合成温度低等优点，但是，加入的催化剂却作为杂质存在于最终的产品中，对产品的高温性能会有一定的负面影响。

1.2.2　气-固法

气-固法是指 Si 源和 C 源在没有催化剂的条件下直接反应合成 SiC 晶须，其最大的特点是合成反应过程中没有液相出现。这种方法可以合成纯度较高的 SiC 晶须[26]。

Li 等人[48]以石油焦和 SiO₂ 溶胶为原料,先制备出 C-SiO₂ 二元气凝胶,再经 1573~1773K 反应合成 β-SiC 晶须。结果表明,碳热还原反应开始于 1473K, SiC 晶须的成核过程受反应式 (1.1) 的控制,而反应式 (1.2) 则决定着晶须的生长过程。所合成 SiC 晶须的长径比大,直径在 20~100nm 之间。

$$SiO(g) + 2C(s) = SiC(s) + CO(g) \quad (1.1)$$
$$\Delta_r G_{(1.1)}^{\ominus}(kJ/mol) = -83.250 + 0.0044T$$
$$SiO(g) + 3CO(g) = SiC(g) + 2CO_2(g) \quad (1.2)$$
$$\Delta_r G_{(1.2)}^{\ominus}(kJ/mol) = -465.9 + 0.37577T$$

Cetinkaya 等人[28]采用二步法合成了 SiC 晶须,该方法首先在 1273K 的温度下,通过 CH₄ 裂解的方式使 SiO₂ 表面覆盖一层 5~8nm 的热解 C,得到 SiO₂-C 核壳结构;随后升温至 1773K,在 Ar 保护下通过碳热还原反应制备 SiC 晶须。结果表明,热解 C 层的厚度越大,制备出的 SiC 晶须的直径也越大。

Li 等人[49]以酚醛树脂和 SiO₂ 溶胶为原料,在不同反应温度下制备得到了形貌不同的 SiC 晶须,如图 1.6 所示。由图可见,当反应温度为 1773K 时,已形成晶须雏形,但"竹节"还没有发育完全;1873K 反应后,晶须的"竹节"发育明显;1973K 反应后,晶须表面看不到"竹节"存在的痕迹,晶须的直径也变得大小不均匀。通过对不同阶段的反应动力学研究表明,气-固反应和固-固反应同时存在,其中固-固反应是生成 SiC 晶须的主要机理。

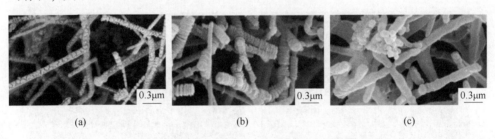

(a)　　　　　　　　　(b)　　　　　　　　　(c)

图 1.6　以酚醛树脂和 SiO₂ 溶胶为原料合成 SiC 晶须[37]
(a) 1773K;(b) 1873K;(c) 1973K

Wang 等人[50]将金属 Si 放在膨胀石墨下方,在 1273~1673K 的 N₂ 气氛下制备了 SiC-C 复合材料。分析表明,一方面,由于插层氧化的作用,膨胀石墨的层间距增加,除了边缘的 C 原子外,中间的 C 原子也存在大量的断键,其结构示意图如图 1.7 (a) 所示;另一方面,温度的升高提高了 Si 蒸气的压力,进而增加了 Si 蒸气在石墨层附着的密度和形成 SiC 晶核的密度,如图 1.7 (b) 所示;随着 Si 蒸气持续不断地在晶核上附着,如图 1.7 (c) 所示;晶核生长为 SiC 晶须,如图 1.7（d）所示。图 1.8 为生成的 SiC 晶须的显微结构照片，从图中可知，SiC 晶须生长在膨胀石墨的表面，大部分直径在 60~80nm 之间，个别晶须的直径达到 400nm 左右，长径比较大。

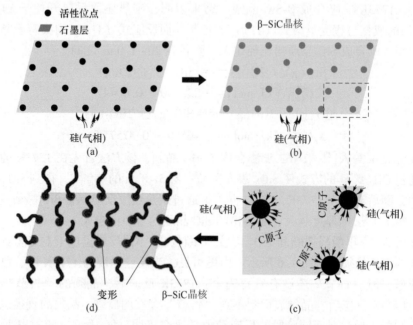

图 1.7　SiC 晶须在膨胀石墨表面的生长示意图[38]

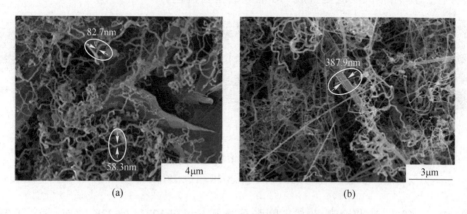

图 1.8　膨胀石墨/SiC 复合材料的显微结构[38]
(a) 1573K；(b) 1673K

Han 等人[42]以 SiO_2 和 Si 为原料，将其置于碳源的下方，在流动 Ar 气氛中经 1673K 反应后合成了直径在 3~40nm 之间的晶须，晶须的红外吸收峰在 820cm⁻¹附近，拉曼特征峰在 780cm⁻¹附近，与 4H-SiC 的光谱特征相符。

气-固反应制备SiC晶须的整个过程中都没有液相的出现，晶须的成核和生长必须依靠固相与气相间的反应并通过气相传质进行。气-固反应较气-固-液反应需克服更大的能量势垒，因此反应需在较高温度下才能完全进行，故其产率较低。然而，由于该方法没有液相参与，采用气-固反应往往能够制备得到纯度较高的SiC晶须。

1.2.3 液相法

液相法制备SiC晶须的介质是液相，即通过添加特定的组分，使其在高温下自发反应或溶解产生液相，而后原料中的Si和C在此液相环境中先生成SiC晶核，然后晶核再结晶长大。代表性的制备方法有熔盐法、溶剂热法和水热法。

与固相反应法相比，液相环境的存在使得各反应物的扩散系数提高，扩散距离变短，因此其反应温度和反应时间均会明显下降。同时，由于晶体是在液相介质中生长的，晶体形态容易控制，产品的纯度也较高。

Zhang等人[51]以SiO$_2$和酚醛树脂为原料，以不同比例的NaCl和NaF为熔盐介质，经1573~1723K反应后合成了如图1.9（a）所示的直径为100~150nm且长度约为10μm的SiC晶须，其在800cm^{-1}左右的红外吸收峰，如图1.9（b）所示，对应3C-SiC的本征红外吸收峰。

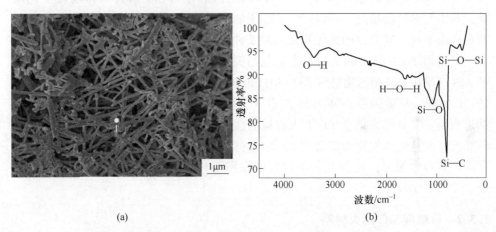

(a)   (b)

图1.9　以NaCl和NaF为熔盐介质合成的3C-SiC（1723K）[51]

(a) 显微结构图；(b) 傅里叶-红外吸收光谱图

Ding等人[52]以NaF-NaCl为熔盐，在Ar气氛下，经1423~1673K反应后，在石墨片上合成了直径为10~50nm、长度不等且沿着（111）面法向生长的SiC纳米棒。研究表明，提高反应温度和延长保温时间可以促进SiC晶须的生长，但当反应温度过高或保温时间过长时又会导致液相的挥发，进而影响SiC的合成。

水热法合成SiC晶须具有纯度高、操作简单、低能耗及环境友好等特点。Pei

等人[39]将 SiC 和 SiO_2 的混合粉体与水混合，在 743K、9.5MPa 的条件下反应后制备了长度为 $1\mu m$、直径为 40nm 的 SiC 纳米棒。

液相法合成 SiC 晶须具有低能耗、易操作、可大量合成等优点，但其合成机理尚不明确，还需进一步地深入研究。另外，液相法制备的 SiC 晶须其结晶度和纯度相对较低，目前难以满足高温工业对材料性能的要求。

1.3   自结合 SiC 耐火材料的研究进展

SiC 的性能优异，但要在 2273K 以上的温度下才能完全烧结，因此在实际生产中直接通过烧结制备 SiC 材料比较困难[7]。SiC 制品按照结合相的种类可分为氧化物结合的 SiC 耐火材料、氮化物结合的 SiC 耐火材料及自结合 SiC 耐火材料。

1.3.1   氧化物及氮化物结合 SiC 耐火材料

氧化物结合 SiC 耐火材料的结合相矿物组成主要为石英、莫来石和硅酸盐玻璃相，根据结合相物相组成上的差异，相应地将氧化物结合 SiC 制品分类为黏土结合、SiO_2 结合、莫来石结合，其使用温度在 1673~1773K 之间，抗折强度为 20~25MPa（大型压力机机压成型）[53-59]。氧化物结合的 SiC 耐火材料制备工艺简单，其中低温性能稳定，可以广泛应用于制作匣钵、窑具及棚板等，但由于氧化物在高温下易于蠕变，因此无法在高温条件下使用。

氮化物结合的 SiC 耐火材料主要包括氮化硅结合、Si_2N_2O 结合、Sialon 结合和 AlN 等单相或复相氮化物为结合相的 SiC 质高级耐火材料，其使用温度在 1873~1923K 之间，抗折强度在 40MPa 左右（大型压力机机压成型）[11,50-67]。已有的结果表明，非氧化物结合 SiC 耐火材料的性能普遍优于氧化物结合 SiC 耐火材料的性能。但这些非氧化物结合的 SiC 耐火材料由于结合相与 SiC 之间存在着热失配而使其寿命缩短；再加上制备过程往往需要长时间的氮化处理，因此工艺复杂，生产成本较高。

1.3.2   自结合 SiC 耐火材料

自结合 SiC 耐火材料主要指以 β-SiC 为结合相的 SiC 质耐火材料。其工艺主要是在工业 α-SiC 物料、Si 粉和 C 粉中加入结合剂，经混炼、成型和干燥后，在还原气氛（通常采用埋炭工艺）中 1673~1873K 烧成。其产品重量和大小可不受制造工艺的限制，可制备重达 270kg 的大型产品，而氮化物结合 SiC 受氮化反应烧结工艺条件限制难以制备厚度较大的产品。β-SiC 结合 SiC 砖主要用作高炉衬砖和风口组合砖、焚烧炉内衬、流铝槽侧砖等。

李付等人[66]详细对比了宝钢高炉非风口区域炉衬用新型自结合 SiC 砖和

Si_3N_4 结合 SiC 砖的常温性能和高温性能。自结合 SiC 砖的致密度为 $2.75g/cm^3$，稍高于 Si_3N_4 结合 SiC 砖（$2.71g/cm^3$），常温/高温力学性能虽然稍低于 Si_3N_4 结合 SiC 砖，但仍在 50MPa 左右。同时，自结合 SiC 砖的线膨胀率略高于 Si_3N_4 结合 SiC 砖的线膨胀率，比较两种材料的热导率，在 873~1273K 的范围内，自结合 SiC 砖的热导率比 Si_3N_4 结合 SiC 砖高 10%~25%，这对高炉中部内衬用耐火材料是有利的。对两种砖的抗碱侵蚀性能、抗渣侵蚀性能和抗热震性能等进行的研究结果表明，SiC 在 1203K 时几乎不与 K_2CO_3 反应，而 Si_3N_4 与 K_2CO_3 发生了明显反应，生成低熔点的偏硅酸钾和二硅酸钾，使材料基质遭受严重破坏。高炉渣（组成（质量分数）：CaO 40.76%、SiO_2 34.04%、MgO 7.77%、Fe_2O_3 0.38%，$m(CaO):m(SiO_2)=1.2:1$）在 1823K 的侵蚀实验结果表明，两种砖的表面均未见侵蚀，自结合 SiC 砖表面附着很薄的一层渣，Si_3N_4 结合 SiC 砖表面的挂渣略多。其显微结构照片表明自结合 SiC 砖表面虽有轻微渗透，但内部与表面基质均匀；Si_3N_4 结合 SiC 砖表面约有 1mm 的熔渣渗透层。对渣侵蚀后 Ca 元素由外到内的 EDS 分析表明，自结合 SiC 砖表面与内部钙元素含量保持较低水平，而 Si_3N_4 结合 SiC 砖从表面到 2mm 处 Ca 含量从较高水平逐渐下降，之后不再变化，其 Ca 含量一直高于自结合 SiC 材料。热震实验（1623K，5 次水冷）结果表明，自结合 SiC 砖的抗折强度保持率为正，而 Si_3N_4 结合 SiC 砖为负。总之，实验结果表明，自结合 SiC 砖的常温/高温性能、抗碱侵蚀性、抗渣性和抗热震性都优于 Si_3N_4 结合 SiC 砖，在高炉中具有广阔的应用前景。

黄志明等人[60]研究了铝电解槽用自结合 SiC 侧衬材料的使用性能，并与 Si_3N_4 结合 SiC 耐火材料进行了对比。自结合 SiC 砖的致密度稍高于 Si_3N_4 结合 SiC 砖、强度略低于 Si_3N_4 结合 SiC 砖，但也有很高的常温/高温强度，且其化学组成中 SiC 含量显著高于 Si_3N_4 结合 SiC 砖，导致其热导率比 Si_3N_4 结合 SiC 砖高 10%~20%。对两种砖的使用性能也进行了研究，1273K 抗冰晶石侵蚀后的显微结构显示，自结合 SiC 砖上部的气相区有轻微侵蚀，三相界面处侵蚀不明显，液相区几乎没有侵蚀，而 Si_3N_4 结合 SiC 砖在气相区和液相区均有较明显的侵蚀，三相界面处侵蚀最严重。虽然两种材料都具有良好的抗冰晶石侵蚀性能，但自结合 SiC 砖侵蚀后的体积损失率约是 Si_3N_4 结合 SiC 砖的一半。1183K Na_2CO_3 侵蚀后的结果显示，Si_3N_4 结合 SiC 砖表面颗粒裸露，基质侵蚀严重，质量损失较大，抗折强度衰减明显，而自结合 SiC 砖表面较为平整，基质侵蚀较轻，质量损失小，强度反而有所增大。1273K、风冷 5 次后的残余抗折强度显示，Si_3N_4 结合 SiC 砖热震后抗折强度有少量衰减，而自结合 SiC 砖反而明显提高。以上结果同样表明，自结合 SiC 砖的热导率比 Si_3N_4 结合 SiC 砖高 10%~20%，并且其抗冰晶石侵蚀性能、抗碱侵蚀性能和抗热震性也明显优于 Si_3N_4 结合 SiC 砖，是理想的铝电解槽侧砖用耐火材料。

以上研究表明，虽然自结合 SiC 耐火材料的制备温度相对较高，但具有更好的力学性能、抗侵蚀性能和抗热震性能等。

1.4　SiC 材料的高温性能

1.4.1　高温抗氧化性能

SiC 虽然性能优异，但在长期使用过程中容易被氧化。国内外学者对 SiC 的氧化过程做了大量研究[59,68-72]。结果表明，SiC 的高温氧化可分为惰性氧化和活性氧化两种。当 O_2 分压低于 $10^{-4}Pa$ 时，SiC 发生产物为 SiO 气相、净重减少的活性氧化；当 O_2 分压高于 $10^{-4}Pa$ 时，SiC 发生产物为 SiO_2、净重增加的惰性氧化，SiO_2 保护膜的生成可以阻止氧化的进一步发生；但当氧化温度在 1473K 以上时，SiO_2 在高温下转化为方石英，发生体积膨胀，使氧化膜的结构破坏，产生裂纹，进而导致材料内部的氧化，严重影响了 SiC 材料的使用寿命[73-75]。因此，提高 SiC 材料的抗氧化性能是设计及制备 SiC 材料必须考虑的因素。

黄清伟等人[76]研究了气孔率为 11.5% 的自结合 SiC 材料在 1573K 空气气氛中的高温氧化行为。研究结果表明：氧化初期形成的非晶态 SiO_2 可对材料中的孔隙与裂纹尖端起钝化作用，使得材料的室温强度随氧化时间的增加而增加。当氧化时间为 22.5h 时，耐火材料的强度最高，可达 293MPa；随着氧化时间的继续增加，非晶态 SiO_2 晶化形成方石英破坏氧化膜的结构，并在冷却过程中产生新的表面裂纹，造成材料室温强度的降低。

丛丽娜[77]研究了在 SiC 中添加不同量氧化钙、氧化铝及氧化锆对 SiC 材料在不同温度下抗氧化性能的影响。实验结果表明：添加质量分数为 2% 的氧化铝时，SiC 材料的抗氧化效果最好。吕振林等人[78]采用溶胶-凝胶法在不同颗粒尺寸的再结晶 SiC 材料表面上生成莫来石涂层，研究了涂层厚度和颗粒尺寸对再结晶 SiC 材料在 1773K 时高温氧化行为的影响。研究结果表明：莫来石涂层的生成可显著提高再结晶 SiC 材料的高温抗氧化能力，且随涂层厚度的增加，再结晶 SiC 材料的抗氧化能力也会提高。张宗涛等人[79]用溶胶-凝胶法在 SiC 晶须表面涂覆了 Al_2O_3、SiO_2 及莫来石涂层。抗氧化实验结果表明，三种涂层的存在均有益于 SiC 抗氧化性能的提高。

总之，SiC 材料虽然具有比较好的抗氧化性能，但是氧化到一定程度时，对材料结构的损毁却是致命的，因此研究 SiC 材料氧化过程的机理、控制及其对材料结构与性能的影响具有重要的意义。

1.4.2　抗热震性能

SiC 材料作为重要的高温工业结构材料，对其抗热震性能也有较高的要求。

SiC 材料的抗热震性能不仅与其显微结构、晶粒尺寸、内部缺陷的形状与分布等有关，同时还与材料的强度、弹性模量、热导率、热膨胀系数、泊松比和气孔率等物理性能有关。改进和提高 SiC 材料的抗热震性能对其安全稳定的使用有着重要的意义。

刘春侠等人[80-81]研究了不同结合方式对 SiC 质窑具材料抗热震性能的影响，结果表明，Si_2N_2O 结合 SiC 窑具材料的抗热震性能优于莫来石及 Si_3N_4 结合的 SiC 窑具材料。当 Si_2N_2O 含量不高于 20% 时，Si_2N_2O 结合 SiC 试样的抗热震性能随 Si_2N_2O 含量的增加而提高，当 Si_2N_2O 含量超过 20% 时，试样的抗热震性能有所下降。

马彬[82]采用反应烧结的方法制备了 Si_3N_4-SiC 和 Sialon-SiC 材料。研究结果表明，原位生成的 Si_3N_4 或 Sialon 结合相可以增加 SiC 材料的韧性，影响裂纹的扩展，调节高温下应力的分布，提高材料在高温下的塑性变形能力，进而增强 SiC 材料的抗热震性能。

朱丽慧等人[83]对反应烧结 SiC 材料的抗热震性能进行了研究。研究结果表明，残余 Si 含量低且 SiC 颗粒小的材料的抗热震性能优于残余 Si 含量高且 SiC 颗粒大的材料。

1.4.3 抗冰晶石侵蚀性能

由于 SiC 在铝液中不润湿，且具有高导热性、高化学稳定性能及优良的抗氧化性能，因而被用来作为铝电解槽的槽底材料[84-86]。铝的冶炼一般是以冰晶石（Na_3AlF_6）为助熔剂，通过在电解槽中电解还原氧化铝进行的，电解温度通常为 1173~1273K。因此，研究 SiC 材料对冰晶石的抗侵蚀性能有重要的实际意义。

孙菊[87]研究了冰晶石对不同非氧化物的侵蚀情况，如 BN、SiC、Si_3N_4、AlN 和 TiN，结果表明这些非氧化物都有较好的抗冰晶石侵蚀性能，冰晶石熔体会进入 Si_3N_4 结合 SiC 耐火材料的气孔，与结合相发生反应，结合相的侵蚀会使 SiC 颗粒脱落并掉至冰晶石熔体中，导致材料被侵蚀。

苗立锋等人[88]采用坩埚法研究了 Si_3N_4 结合 SiC 耐火材料的抗冰晶石熔体侵蚀性能，结果表明，在 1273K 下，空气气氛下制备的 Si_3N_4 结合 SiC 耐火材料经过 20h 的侵蚀后，坩埚内壁仅有少量的腐蚀，表明该材料具有良好的抗冰晶石侵蚀性能。

韩波等人[89]采用静态坩埚法研究了矾土基 Sialon 结合刚玉-SiC 复合耐火材料在 1273K 下的抗冰晶石侵蚀性能。研究结果表明，在该条件下冰晶石对复合材料的侵蚀量较少，侵蚀层厚度约 1mm，侵蚀产物为 $NaAlSiO_4$，渗透层深度约 6mm，渗透速率随 Sialon 含量的增加而减小。

总之，SiC 耐火材料具有很好的抗冰晶石侵蚀性能，从其侵蚀的机理来看，侵蚀主要发生在冰晶石和结合相中的氧化物之间，如果能减少或者避免结合相中氧化物的含量，可进一步提高 SiC 耐火材料的抗冰晶石侵蚀性能。

1.5　第一性原理计算

数值模拟与预测已经成为材料设计、制备的重要理论依据，并在实验研究中起到越来越重要的作用[90-91]。1964 年，Kohn 在托马斯-费米理论的基础上首次提出了以密度泛函理论为基础的第一性原理。随着计算化学和计算机运算能力的发展，基于密度泛函理论的第一性原理计算已经在化工、物理、生物、医药及复合材料等领域得到了广泛的应用[92-99]。通过计算，不仅可以比较容易地得到原子、分子的结构，从原子及分子层面上分析材料反应和结构的演变过程，而且还可以对材料的反应方向进行预测，从微观层面对反应的机理进行解释[100-104]。虽然计算还不能完全取代实验，但是可以对实验进行预测，验证提出的假设，从原子、分子层面对实验现象进行解释，因而得到了越来越多科研工作者的重视。

Zhang 等人[105]采用置换反应的工艺首次合成了 $Au_{12}Pd_{43}$ 合金纳米团簇，并以该团簇为计算模型，采用密度泛函理论计算了 $Au_{12}Pd_{43}$ 纳米团簇具有优异催化活性的机理。研究结果表明，Pd 原子与 Au 原子间的电子转移是其具有优异催化活性的根源，Au 原子因为得到电子而带负电，成为反应的活性位点，促进了反应的进行。

Gu 等人[106]以 Si 粉为原料，采用低温催化氮化工艺制备了 Si_3N_4 粉体，并根据 DFT 计算方法揭示了 Co 纳米颗粒对 N_2 分子活化作用的机理。结果表明，Co 纳米颗粒对 N_2 分子的吸附作用使 N≡N 键的键能被减弱，键长增加，证明吸附在 Co 纳米颗粒上的 N_2 分子被活化了。

Liu 等人[107]以 Fe_2O_3 纳米颗粒为催化剂，经 1673K 催化氮化制备了 Si_3N_4 结合 SiC 耐火材料。实验结果表明，催化剂 Fe_2O_3 纳米颗粒的加入降低了 Si 粉的完全氮化温度，DFT 的计算结果表明，Fe_2O_3 纳米颗粒同样可以使 N_2 分子的键长变大，键能变弱，使得 N_2 分子更容易分解为 N 原子，最终有利于 Si 粉向 Si_3N_4 的转化。

Lu 等人[108]首先讨论了掺杂 Fe 及 Cr 后 Sialon 的稳定性，之后采用 DFT 计算了掺杂 Fe 及 Cr 后 Sialon 的力学性能。结果表明，Fe 和 Cr 掺杂后 Sialon 的剪切模量和杨氏模量提高，泊松比降低。Liang 等人[109]采用 DFT 计算分析了催化剂 Cr 催化制备 Si_3N_4 粉体的作用机理。

参考文献

[1] 钟香崇. 氧化物-非氧化物复合材料研究开发进展 [J]. 耐火材料, 2008, 2 (1): 1-4.

[2] 郭景坤. 高性能陶瓷论文集 [C]. 北京: 人民交通出版社, 1998.

[3] KUCHIBHATLA S V N T, KARAKOTI A S, BERA D, et al. One dimensional nanostructured materials [J]. Progress in Materials Science, 2007, 52 (5): 699-913.

[4] NIU J, WANG J. An approach to the synthesis of silicon carbide nanowires by simple thermal evaporation of ferrocene onto silicon wafers [J]. European Journal of Inorganic Chemistry, 2007, 40: 4006-4010.

[5] 王玉霞, 何海平, 汤洪高. 宽带隙半导体材料 SiC 研究进展及其应用 [J]. 硅酸盐学报, 2002, 30 (3): 372-381.

[6] 钟香崇, 赵海雷. 氧化物-非氧化物复合耐火材料高温性能的研究 [J]. 耐火材料, 2000, 34 (2): 63-68.

[7] 桂明玺. 碳化硅耐火材料的特点和用途 [J]. 耐火与石灰, 1999, 24 (8): 42-47.

[8] 彭珍珍, 蔡舒, 吴厚政. 85% Al_2O_3/SiC 纳米复合陶瓷的耐磨损性能研究 [J]. 稀有金属材料与工程, 2006, 35 (2): 61-63.

[9] 谭清华, 王玺堂. 不同气氛下合成的 SiAlON 结合刚玉或碳化硅材料的研究 [J]. 耐火材料, 2009, 43 (3): 164-169.

[10] 徐恩霞, 张恒, 钟香崇. β-SiAlON/Si_3N_4 结合刚玉/碳化硅材料的高温力学性能 [J]. 耐火材料, 2007, 41 (5): 327-331.

[11] WANG H, BI Y, MENG G, et al. Effects of silica sol on the preparation and high-temperature mechanical properties of silicon oxynitride bonded SiC castables [J]. Ceramics International, 2017, 43 (13): 10361-10367.

[12] WAMG H, BI Y, ZHOU N, et al. Preparation and strength of SiC refractories with in situ β-SiC whiskers as bonding phase [J]. Ceramics International, 2016, 42 (1): 727-733.

[13] CASADY J B, JOHNSON R W. Status of silicon carbide (SiC) as a wide-bandgap semiconductor for high-temperature applications: A review [J]. Solid State Electronics, 1996, 39 (10): 1409-1422.

[14] SIERGIEJ R R, CLARKE R C, SRIRAM S, et al. Advances in SiC materials and devices: an industrial point of view [J]. Materials Science & Engineering B, 1999, 6l: 9-17.

[15] WONG E W, SHEEHAN P E, LIEBER C M. Nanobeem mechanics: elasticity, strength and toughness of nanorods and nanotubes [J]. Science, 1997, 277 (5334): 1971-1975.

[16] 王玉霞, 何海平, 汤洪高. 宽带隙半导体材料 SiC 研究进展及其应用 [J]. 硅酸盐学报, 2002, 30 (3): 372-381.

[17] KOCH V P, SRESELI O, POLISSKI G. Luminescence enhancement by electrochemical etching of SiC (6H) [J]. Thin Solid Film, 1995, 255: 107-110.

[18] SUN X H, LI C P, ALONG W K, et al. Formation of silicon carbide nanotubes and nanowires via reaction of silicon (from disproportionation of silicon monoxide) with carbon nanotubes [J].

Journal of the American Chemical Society, 2002, 124: 14464-14471.

[19] YE H H, TITCHENA N, GOGOTSI Y. SiC nanowires Synthesized from electrospun nanofiber templates [J]. Advanced Materials, 2005, 17: 1531-1535.

[20] LI Z J, ZHANG J L, MENG A L. Large-area highly-oriented SiC nanowires array: Synthesis, raman, and photoluminescence properties [J]. Journal of Physical Chemistry B, 2006, 110 (45): 22382-22386.

[21] RUY Y, TAK Y, YONG K. Direct growth of core-shell SiC-SiO$_2$ nanowires and field emission characteristics [J]. Nanotechnology, 2005, 16: 370-374.

[22] RAMAN V, BHATIA G, BHARDWAJ S. Synthesis of silicon carbide nanofibers by sol-gel and polymer blend techniques [J]. Journal of Materials Science, 2005, 40: 1521-1526.

[23] TAKAHIRO M, JUN T, TARUKI T. Blue-green luminescence from porous silicon carbide [J]. Applied Physics Letters, 1994, 64 (2): 226-228.

[24] HIDENORI M, TAKAHIRO M. Blue electroluminescence from porous silicon carbide [J]. Applied Physics Letters, 1994, 65 (26): 3350-3352.

[25] 宋祖伟, 李旭云, 蒋海燕, 等. 碳化硅晶须合成工艺的研究 [J]. 无机盐工业, 2006, 38 (1): 29-31.

[26] DING M, STAR A. Synthesis of one-dimensional SiC nanostructures from a glassy buckypaper [J]. ACS Applied Materials & Interfaces, 2013, 5 (6): 1928-1936.

[27] CHOI H J, LEE J G. Continuous synthesis of silicon carbide whiskers [J]. Journal of Materials Science, 1995, 30 (8): 1982-1986.

[28] CETINKAYA S, EROGLU S. Chemical vapor deposition of C on SiO$_2$ and subsequent carbothermal reduction for the synthesis of nanocrystalline SiC particles/whiskers [J]. International Journal of Refractory Metals & Hard Materials, 2011, 29 (5): 566-572.

[29] CHIOU J M. Variation law of temperature field in synthesis of SiC by carbothermal reduction method [J]. Bulletin of the Chinese Ceramic Society, 2013, 20 (5): 655-660.

[30] DU X, ZHAO X, JIA S, et al. Direct synthesis of SiC nanowires by multiple reaction VS growth [J]. Materials Science & Engineering B, 2007, 136 (1): 72-77.

[31] ZHAO H, SHI L, LI Z, et al. Silicon carbide nanowires synthesized with phenolic resin and silicon powders [J]. Physica E, 2009, 41 (4): 753-756.

[32] WEI J, LI K, LI H, et al. Photoluminescence performance of SiC nanowires, whiskers and agglomerated nanoparticles synthesized from activated carbon [J]. Physica E, 2009, 41 (8): 1616-1620.

[33] LEU I C. Chemical vapor deposition of silicon carbide whiskers activated by elemental nickel [J]. Journal of the Electrochemical Society, 1999, 146 (1): 184-188.

[34] LI X, ZHANG G, TRONSTAD R, et al. Synthesis of SiC whiskers by VLS and VS process [J]. Ceramics International, 2016, 42 (5): 5668-5676.

[35] MILEWSKI J V, GAC F D, PETROVIC J J, et al. Growth of beta-silicon carbide whiskers by the VLS process [J]. Journal of Materials Science, 1985, 20 (4): 1160-1166.

［36］ PAN Z, LAI H L, AU F C K, et al. Oriented silicon carbide nanowires: synthesis and field emission properties ［J］. Advanced Materials, 2000, 12 (16): 1186-1190.

［37］ SUN X H, LI C P, WONG W K, et al. Formation of silicon carbide nanotubes and nanowires via reaction of silicon (from disproportionation of silicon monoxide) with carbon nanotubes ［J］. Journal of the American Chemical Society, 2002, 124 (48): 14464-14471.

［38］ SUN Y, CUI H, YANG G, et al. The synthesis and mechanism investigations of morphology controllable 1-D SiC nanostructures via a novel approach ［J］. CrystEngcomm, 2010, 12 (4): 1134-1138.

［39］ PEI L, TANG Y, ZHAO X, et al. Single crystalline silicon carbide nanorods synthesized by hydrothermal method ［J］. Journal of Materials Science, 2007, 42 (13): 5068-5073.

［40］ RYU Z, ZHENG J, WANG M, et al. Synthesis and characterization of silicon carbide whiskers ［J］. Carbon, 2001, 39 (12): 1929-1930.

［41］ FENG W, MA J, YANG W. Precise control on the growth of SiC nanowires ［J］. CrystEngcomm, 2012, 14 (4): 1210-1212.

［42］ HAN W, FAN S, LI Q, et al. Continuous synthesis and characterization of silicon carbide nanorods ［J］. Chemical Physics Letters, 1997, 265 (3/4/5): 374-378.

［43］ 古卫俊, 贾素秋, 邱敬东, 等. 稻壳制备碳化硅晶须 ［J］. 硅酸盐学报, 2014, 42 (1): 28-32.

［44］ LIANG C, MENG G, ZHANG L, et al. Large-scale synthesis of β-SiC nanowires by using mesoporous silica embedded with Fe nanoparticles ［J］. Chemical Physics Letters, 2000, 329 (3/4): 323-328.

［45］ YANG G, WU R, CHEN J, et al. Growth of SiC nanowires/nanorods using a FeSi solution method ［J］. Nanotechnology, 2007, 18 (15): 155-601.

［46］ WANG H, LIN L, YANG W, et al. Preferred orientation of SiC nanowires induced by substrates ［J］. The Journal of Chemical Physics, 2012, 114 (6): 2591-2594.

［47］ NIU J, WANG J. An approach to the synthesis of silicon carbide nanowires by simple thermal evaporation of ferrocene onto silicon wafers ［J］. European Journal of Inorganic Chemistry, 2007, 25: 4006-4010.

［48］ LI X, LIU L, ZHANG Y, et al. Synthesis of nanometre silicon carbide whiskers from binary carbonaceous silica aerogels ［J］. Carbon, 2001, 39 (2): 159-165.

［49］ LI B, SONG Y, ZHANG C, et al. Synthesis and characterization of nanostructured silicon carbide crystal whiskers by sol-gel process and carbothermal reduction ［J］. Ceramics International, 2014, 40 (8): 12613-12616.

［50］ WANG Q, LI Y, JIN S, et al. Catalyst-free hybridization of silicon carbide whiskers and expanded graphite by vapor deposition method ［J］. Ceramics International, 2015, 41 (10): 14359-14366.

［51］ ZHANG J, LI W, JIA Q, et al. Molten salt assisted synthesis of 3C-SiC nanowire and its photoluminescence properties ［J］. Ceramics International, 2015, 41 (10): 12614-12620.

[52] DING J, DENG C, YUAN W, et al. The synthesis of titanium nitride whiskers on the surface of graphite by molten salt media [J]. Ceramics International, 2013, 39 (3): 2995-3000.

[53] 周丽红, 王战民. 碳化硅质窑具材料的结合方式及发展 [J]. 耐火材料, 1999, 27 (4): 234-236.

[54] 崔曦文, 闵庆峰. 黏土结合碳化硅耐火材料的工艺和性能 [J]. 耐火与石灰, 2011, 36 (5): 26-29.

[55] 霍会娟. 提高黏土结合碳化硅制品抗铝液侵蚀性研究 [D]. 太原: 中北大学, 2008.

[56] 周璇, 朱冬梅, 桂佳, 等. 纳米 SiO_2 对先驱体浸渍裂解法制备 SiC_f/SiC 复合材料力学性能的影响 [J]. 硅酸盐学报, 2012, 40 (3): 340-344.

[57] 吴淑琴. 碳化硅窑具的生产与使用 [J]. 耐火材料, 1997, 25 (3): 173-176.

[58] ANDO K, CHU M C, TSUJI K, et al. Crack healing behaviour and high-temperature strength of mullite/SiC composite ceramics [J]. Journal of the European Ceramic Society, 2002, 22 (8): 1313-1319.

[59] 徐晓虹, 骞少阳, 吴建锋, 等. 莫来石结合碳化硅高温吸热陶瓷抗氧化性能的研究 [J]. 中国陶瓷工业, 2010, 17 (5): 1-5.

[60] 黄志明, 黄志林, 周东方, 等. 铝电解槽用自结合碳化硅侧衬材料的性能 [J]. 轻金属, 2011 (11): 37-39.

[61] 蒋玉清. 大型高炉用高性能氮化硅结合碳化硅的研制和使用——兼谈 Sialon 结合碳化硅和 Sialon 结合刚玉制品 [C]. 全国炼铁高炉及热风炉用耐火材料生产和使用技术经验交流会, 北京, 2007.

[62] FERNÁNDEZ J M, MUÑOZ A, LÓPEZ A R D A, et al. Microstructure-mechanical properties correlation in siliconized silicon carbide ceramics [J]. Acta Materialia, 2003, 51 (11): 3259-3275.

[63] ZHANG Y, PENG D, WEN H. Sintering process of special ceramics $Fe-Si_3N_4$ bonded SiC [J]. Journal of Iron & Steel Research, 2002, 14 (6): 25-28.

[64] HU H. Mechanical properties of reaction-bonded Si_3N_4/SiC composite ceramics [J]. Journal of Inorganic Materials, 2014, 29 (6): 594-598.

[65] 张芳, 赵光华, 王惠民. 提高氮化硅结合碳化硅窑具使用性能的研究 [J]. 中国陶瓷, 2011, 47 (3): 61-64.

[66] 李付, 吕春江, 李杰, 等. 高炉用新型自结合碳化硅砖性能研究 [J]. 耐火材料, 2011, 45 (5): 364-366.

[67] 黄进, 吴昊天, 万龙刚. 重结晶碳化硅材料的制备与应用研究进展 [J]. 耐火材料, 2017, 51 (1): 73-77.

[68] 魏明坤, 张丽鹏, 武七德. 高温氧化对渗硅碳化硅材料强度的影响 [J]. 武汉理工大学学报, 2001, 23 (8): 1-3.

[69] 张丽鹏, 王捷, 王力杰, 等. 渗硅碳化硅材料的制备与性能研究 [J]. 淄博学院学报: 自然科学与工程版, 2002 (3): 36-39.

[70] COSTELLO J A, TRESSLER R E. Oxidation kinetics of silicon carbide crystals and ceramics:

I, In dry oxygen [J]. Journal of the American Ceramic Society, 1986, 69 (9): 674-681.

[71] ERVIN G. Oxidation behavior of silicon carbide [J]. Journal of the American Ceramic Society, 1958, 41 (9): 347-352.

[72] SINGHAL S C. Oxidation kinetics of hot-pressed silicon carbide [J]. Journal of Materials Science, 1976, 11 (11): 2175-2182.

[73] VAUGHN W L, MAAHS H G. Cheminform abstract: Active-to-Passive transition in the oxidation of silicon carbide and silicon nitride in air [J]. ChemInform, 1990, 21 (36): 1540-1543.

[74] 刘春侠, 赵俊国, 张治平, 等. 氮化物结合碳化硅窑具材料抗氧化性能研究 [J]. 陶瓷, 2005 (5): 18-21.

[75] HOU X, CHOU K, LI F. A new treatment for kinetics of oxidation of silicon carbide [J]. Ceramics International, 2009, 35 (2): 603-607.

[76] 黄清伟, 高积强, 金志浩. 自结合碳化硅材料高温氧化行为研究 [J]. 西安交通大学学报, 1999, 33 (12): 49-52.

[77] 丛丽娜. 氧化物对碳化硅抗氧化性能的影响 [J]. 山东化工, 2016, 45 (24): 30-31.

[78] 吕振林, 李世斌, 高积强, 等. 莫来石涂层对碳化硅材料高温抗氧化性能的影响 [J]. 稀有金属材料与工程, 2003, 32 (7): 534-537.

[79] 张宗涛, 黄勇. SiC 晶须表面成分和涂层对抗氧化性的影响 [J]. 材料研究学报, 1992, 6 (5): 409-413.

[80] 刘春侠, 黄志刚, 李愿, 等. 不同结合方式碳化硅质窑具材料的抗热震性研究 [J]. 陶瓷, 2007, (10): 36-39.

[81] 阮玉忠, 卓克祥. SiC 窑具材料抗热震性的研究 [J]. 中国陶瓷, 1992, 28 (4): 1-7.

[82] 马彬. SiC 基复相陶瓷的抗氧化及抗热震性能研究 [D]. 哈尔滨: 哈尔滨工业大学, 2006.

[83] 朱丽慧, 黄清伟. 反应烧结碳化硅材料的抗热震性能研究 [J]. 耐火材料, 2001, 35 (4): 202-204.

[84] 陈肇友. 炼铝工业用耐火材料及其发展动向 [J]. 耐火材料, 1996, 30 (1): 46-49.

[85] 董建存, 赵俊国, 任云龙, 等. 结合相对 SiC 质材料抗冰晶石侵蚀性能的影响 [J]. 轻金属, 2003 (2): 43-44.

[86] 张国军, 邹冀, 倪德伟, 等. 硼化物陶瓷: 烧结致密化、微结构调控与性能提升 [J]. 无机材料学报, 2012, 27 (3): 225-233.

[87] 孙菊. 熔融冰晶石同非氧化物陶瓷制品的反应 [J]. 耐火与石灰, 1999, 24 (8): 52-55.

[88] 苗立锋, 郑乃章, 熊春华, 等. 氧化烧结 Si_3N_4/SiC 复合材料的抗冰晶石侵蚀性能研究 [J]. 中国陶瓷, 2008, 44 (10): 28-29.

[89] 韩波, 张海军, 钟香崇. 矾土基 β-Sialon 结合刚玉-碳化硅复合材料抗冰晶石侵蚀性能的研究 [J]. 硅酸盐通报, 2007, 26 (4): 680-684.

[90] BYSKOV L S, NØRSKOV J K, CLAUSEN B S, et al. DFT calculations of unpromoted and promoted MoS_2-based hydrodesulfurization catalysts [J]. Journal of Catalysis, 1999,

187（1）：109-122.

［91］ DIEFENBACH A，BICKELHAUPT F M. Oxidative addition of Pd to C—H、C—C and C—C bonds：Importance of relativistic effects in DFT calculations ［J］. Journal of Chemical Physics，2001，115（9）：4030-4040.

［92］ STEIN M，VAN L E，BAERENDS E J，et al. Relativistic DFT calculations of the paramagnetic intermediates of ［NiFe］ hydrogenase. Implications for the enzymatic mechanism ［J］. Journal of the American Chemical Society，2001，123（24）：5839-5840.

［93］ SU D S，JACOB T，HANSEN T W，et al. Surface chemistry of Ag particles：Identification of oxide species by aberration-corrected TEM and by DFT calculations ［J］. Angewandte Chemie International Edition English，2008，47（27）：5005-5008.

［94］ ZHANG H，DENG X，JIAO C，et al. Preparation and catalytic activities for H_2O_2 decomposition of Rh/Au bimetallic nanoparticles ［J］. Materials Research Bulletin，2016，79：29-35.

［95］ 胡麟. 一些二维材料的第一性原理计算与设计 ［D］. 合肥：中国科学技术大学，2016.

［96］ 阚二军. 新型磁性材料的第一性原理计算与设计研究 ［D］. 合肥：中国科学技术大学，2008.

［97］ 李星星. 自旋电子学材料和光解水催化材料的第一性原理计算与设计 ［D］. 合肥：中国科学技术大学，2016.

［98］ 温斌，冯幸. 金属热导率的第一性原理计算方法在铝中的应用 ［J］. 燕山大学学报，2015，39（4）：298-305.

［99］ 于金. 第一性原理计算 ［M］. 北京：科学出版社，2016.

［100］ EICHLER A. CO adsorption on Ni（111）—a density functional theory study ［J］. Surface Science，2003，526（3）：332-340.

［101］ KRESSE G，FURTHMÜLLER J. Efficient iterative schemes for ab initio total-energy calculations using a plane-wave basis set ［J］. Physical Review B，1996，54（16）：11169-11174.

［102］ KRESSE G，FURTHMÜLLER J. Efficiency of ab-initio total energy calculations for metals and semiconductors using a plane-wave basis set ［J］. Computational Materials Science，1996，6（1）：15-50.

［103］ N'DIAYE A，BLEIKAMP S，FEIBELMAN P J，et al. Two dimensional Ir-cluster lattices on moiré of graphene with Ir（111）［J］. Physics，2006，97（21）：215-501.

［104］ PARR R G. Density functional theory ［J］. Chemical & Engineering News，1983，68（1）：2470-2484.

［105］ ZHANG H，WATANABE T，OKUMURA M，et al. Catalytically highly active top gold atom on palladium nanocluster ［J］. Nature Materials，2012，11（1）：49-52.

［106］ GU Y，LU L，ZHANG H，et al. Nitridation of silicon powders catalyzed by cobalt nanoparticles ［J］. Journal of the American Ceramic Society，2015，98（6）：1762-1768.

［107］ LIU J，GU Y，LI F，et al. Catalytic nitridation preparation of high-performance $Si_3N_{4(w)}$-SiC composite using Fe_2O_3 nano-particle catalyst: Experimental and DFT studies [J]. Journal of the European Ceramic Society, 2017, 37: 4467-4474.

[108] LU L, ZHANG S, ZHANG H, et al. Structures and mechanical properties of Fe-and Cr-incorporated β-Si_5AlON_7: First-principles study [J]. Ceramics International, 2016, 42 (10): 11924-11929.

[109] LIANG F, LU L, LIANG T, et al. Catalytic effects of Cr on nitridation of silicon and formation of one-dimensional silicon nitride nanostructure [J]. Scientific Reports, 2016, 6: 31559.

2 过渡金属纳米颗粒催化 合成 SiC 粉体

SiC 具有熔点高、硬度大、高温强度大、抗蠕变性能好、耐磨损、耐化学腐蚀、热膨胀系数小及热传导率高等优点，因而在陶瓷、复合材料、耐磨材料及催化等领域具有广泛的应用前景。研究表明，酚醛树脂，活性炭，炭黑、膨胀石墨和各种有机碳等均可作为合成 SiC 的原料[1-7]。

膨胀石墨是一种经过氧化插层且高温膨胀处理的特殊石墨，其石墨层间距会在处理后扩大几百甚至几千倍，此过程同时可以在石墨层间形成很多 C═C 的断键，这些断键可以成为反应的活性位点，促进反应的进行[8-9]。同时，在催化反应中，膨胀石墨的层状结构更适合作为催化剂的载体，使催化剂在高温下保持较小尺寸而不易长大，起到更好的催化效果。Wang 等人[10]用膨胀石墨和 Si 粉制备了 SiC 晶须，并分析了反应的热力学条件和晶须形成的机理。结果表明，SiC 晶须的生长为气相生长，膨胀石墨中的活性位点对 SiC 的生成有重要作用。但是，反应产物为石墨和 SiC 的复合粉体，产物中有大量的残余石墨存在。Zhao 等人[11]以 $Fe(NO_3)_3$、$Co(NO_3)_2$ 及 $Ni(NO_3)_2$ 为催化剂前驱体，以膨胀石墨为原料制备了碳纳米管，结果表明，碳纳米管催化生长于附着有催化剂 Fe、Co 及 Ni 的膨胀石墨的活性位点。

因此，本章分别以膨胀石墨和 Si 粉为碳源和硅源，以过渡金属硝酸盐为催化剂的前驱体，经低温催化碳化反应合成了 3C-SiC 粉体。研究了催化剂种类、催化剂含量、保护剂与催化剂的摩尔比及反应温度等条件对合成 3C-SiC 粉体的影响，并应用第一性原理计算了反应物在催化剂团簇上吸附前后的结构、电子云分布和电子能态密度等的变化，最后根据实验及计算结果阐释了过渡金属纳米颗粒低温催化碳化反应合成 3C-SiC 的机理。

2.1 实　　验

2.1.1 原料及主要设备

实验所用原料及相关信息见表 2.1。

表 2.1　实验原料及规格

原料名称	化学式	规　格	相对分子质量	产　　地
Si 粉	Si	≤10μm，纯度不低于99%	28	洛阳耐火材料研究院
膨胀石墨	C	≤30μm，纯度不低于99%	12	青岛藤盛达碳素材料有限公司
水合硝酸钴	$Co(NO_3)_2 \cdot 6H_2O$	分析纯	291.03	国药集团化学试剂有限公司
水合硝酸镍	$Ni(NO_3)_2 \cdot 6H_2O$	分析纯	290.79	国药集团化学试剂有限公司
水合硝酸铁	$Fe(NO_3)_3 \cdot 9H_2O$	分析纯	404	国药集团化学试剂有限公司
Isobam-104	$(C_8H_{10}O_3)_n$	104（工业级）	342	国药集团化学试剂有限公司

图 2.1 为实验所用膨胀石墨的 XRD 图谱，图中仅在 26.5° 和 54.6° 出现了强烈的衍射峰，证明实验所用膨胀石墨为纯相的石墨（ICDD No.01-089-8487）。图 2.2 为实验所用膨胀石墨的 SEM 图。由图 2.2（a）可知，所用膨胀石墨在球磨前为典型的蠕虫状结构，插图为局部放大的石墨片层结构；图 2.2（b）为球磨后的膨胀石墨，可见经过研磨，其片层粒度减小，成为不规则片状结构。研磨后膨胀石墨的粒度分布曲线如图 2.3 所示，其结果显示，研磨后膨胀石墨的 d_{50} 为 9.1μm，体积平均粒径为 6.0μm，比表面积为 40.5m²/g；图 2.4 为所用硅粉的显微照片，可见硅粉颗粒呈不规则外形；图 2.5 为硅粉的粒度分布曲线，显示硅的 d_{50} 为 17.0μm。

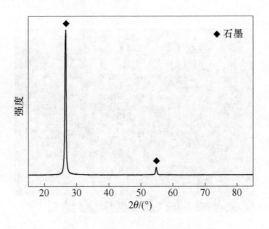

图 2.1　膨胀石墨的 XRD 图谱

图 2.2 膨胀石墨研磨前后的 SEM 图片

（a）研磨前；（b）研磨后

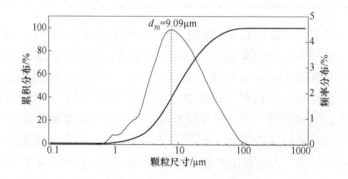

图 2.3 研磨后膨胀石墨的粒度分布曲线

图 2.4 硅粉的 SEM 图片

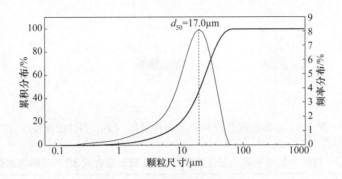

图 2.5 硅粉的粒度分布曲线

实验所用主要设备见表 2.2。

表 2.2 实验用设备

主要仪器设备	仪器型号	生 产 商
行星式陶瓷研磨机	XQM-4 行星快速研磨机	长沙天创粉末技术有限公司
电热鼓风干燥箱	101-2A	天津市泰斯特仪器有限公司
电子天平	JY-JSB	上海浦春计量仪器有限公司
实验电炉	SK4-8-16Q 真空管式气氛炉	武汉亚华电炉有限公司
数显游标卡尺	91511	丹纳赫工具（上海）有限公司
场发射扫描电子显微镜	PHILIPS XL30 TMP	荷兰 PHILIPS（飞利浦）公司
高分辨率透射电子显微镜	JEM-2100UHR STEM/EDS	日本电子
Philips X 射线衍射仪	X′pert pro 型（XRD，$CuK_{\alpha1}$，60kV，60mA）	荷兰 PANalytical（帕纳科）分析仪器公司

2.1.2 工艺流程

以过渡金属硝酸盐为催化剂前驱体，催化膨胀石墨和 Si 粉反应制备 3C-SiC 粉体，研究不同工艺因素对合成 3C-SiC 粉体的影响，实验流程如图 2.6 所示。首先将膨胀石墨球磨至 44μm 以下；再将 Si 粉与膨胀石墨按照不同的摩尔比（膨胀石墨/Si）干混均匀；将上述粉体加入按比例混合均匀的保护剂和过渡金属硝酸盐溶液中，搅拌并超声均匀，常温浸渍 24h；干燥后的粉体置于管式炉中，在流通 Ar 气氛（气体流量为 100mL/min）下分别升温至 1073~1673K，保温 3h 后得到产物，对产物的物相及显微形貌进行表征。原料组成及合成工艺见表 2.3。

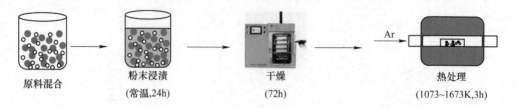

原料混合　　　　　粉末浸渍　　　　　　干燥　　　　　　　热处理

　　　　　　　　　（常温,24h）　　　　（72h）　　　　（1073~1673K,3h）

图 2.6　以膨胀石墨和 Si 粉为原料制备 3C-SiC 粉体的流程图

表 2.3　过渡金属纳米颗粒催化膨胀石墨/Si 粉反应合成 3C-SiC 粉体的配方

催化剂种类	催化剂用量（质量分数）/%	膨胀石墨/Si 摩尔比	反应条件
无催化剂	—	1 : 1	
Fe	1	0.6 : 1	
		0.8 : 1	
		1 : 1	
		1.2 : 1	1073~1673K
		1.4 : 1	3h
	2		流通 Ar
	3		100mL/min
	4	1 : 1	
	5		
Co	1, 2, 3, 4, 5		
Ni	1, 2, 3, 4, 5		

2.2　无催化剂制备 3C-SiC

　　首先研究了无催化剂时，不同温度下膨胀石墨和 Si 粉的反应情况。图 2.7 是无催化剂加入及膨胀石墨/Si 的摩尔比为 1 : 1 时，不同温度下反应 3h 后所得产物的 XRD 图谱和物相相对含量。由图 2.7（a）可知，不加催化剂时，3C-SiC 的开始生成温度为 1473K，但即使 1673K 反应后产物中仍然有石墨剩余。采用 HighScore Plus 软件半定量分析了不同温度反应时合成产物中各物相的相对含量，如图 2.7（b）所示。结果表明，1473K/3h 反应后产物中只生成了约 16% 的

3C-SiC；1573K/3h 反应后产物中生成了约 50% 的 3C-SiC，Si 粉和石墨都有大量剩余；1673K/3h 反应后产物中虽然生成了约 82% 的 3C-SiC，但仍有石墨剩余。

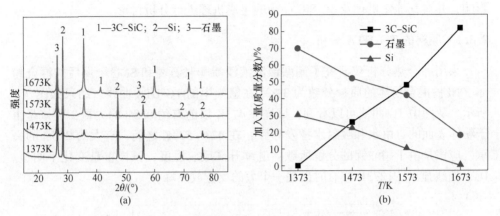

图 2.7　合成产物中各物相的 XRD 图谱(a)及物相相对含量(b)

图 2.8 为 1673K 反应后试样的 SEM 照片，从图 2.8（a）中可以看到产物中生成了一些晶须状物质，图 2.8（b）的高倍显微照片表明晶须尺寸极不均匀。

图 2.8　无催化剂时，1673K 反应 3h 后合成的 3C-SiC 的 SEM 照片

以上研究结果表明，即使反应温度在 1673K 时，化学计量比的膨胀石墨和 Si 粉也只能反应生成 82% 左右的 3C-SiC，产物中残留大量未反应的石墨。

2.3　硝酸镍为催化剂前驱体合成 3C-SiC 粉体

第 2.2 节的实验结果表明，即使在 1673K 时膨胀石墨和 Si 粉也难以完全反应合成 3C-SiC。因此，本节以过渡金属硝酸盐为催化剂的前驱体，通过前驱体在高温下的分解和还原反应，在反应物表面原位生成纳米颗粒催化剂，研究催化剂种类及加入量、保护剂与催化剂摩尔比和反应温度等因素对合成 3C-SiC 粉体的影响，并对其催化机理及 3C-SiC 晶须的生成机理进行分析讨论。

2.3.1 原料的 TG-DTA 分析

采用综合热分析仪研究了硝酸镍溶液浸渍膨胀石墨和 Si 粉干燥后的混合粉体（Ni 占混合粉体的质量分数为 3%）在氩气中的 TG-DTA 曲线，结果如图 2.9 所示。从图中 TG 曲线可以看到，试样在 473K 以前有约 0.8% 的失重，应该是由于粉体表面的自由水和吸附水挥发导致；在 473～573K 之间，有大约 2.5% 的失重，应该是由于硝酸镍的分解所致；继续升高反应温度，试样重量变化不明显。DTA 曲线显示，1273K 左右时出现一个大的反应放热峰。

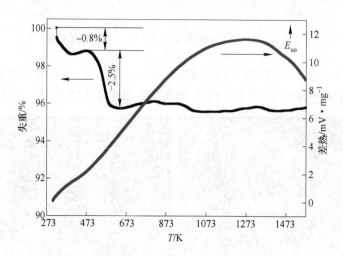

图 2.9 干燥后的混合粉体在 Ar 中的 TG-DTA 曲线

2.3.2 硝酸镍分解产物的显微形貌

催化剂镍的前驱物水合硝酸镍在 533K 时即可开始分解[12-13]，其分解方程式如下：

$$2Ni(NO_3)_2 \longrightarrow 2NiO + 4NO_2(g) + O_2(g) \tag{2.1}$$

$$\Delta_r G^{\ominus}_{(2.1)}(kJ/mol) = 597.66 - 1.1368T$$

为了确定催化剂前驱体分解后产物的形貌，将硝酸镍在 1073K、Ar 气氛中分解 2h 后的粉体进行 TEM 观察。由图 2.10（a）的 TEM 图片可见，粉体团聚严重，其颗粒粒径在 30～50nm 之间；图 2.10（b）为分解产物的选区电子衍射花样，可知其为多晶 NiO（ICDD No. 01-073-1523）。

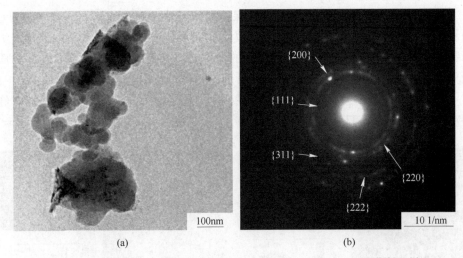

图 2.10 硝酸镍 1073K 分解后残余粉末的 TEM 照片（a）及选区电子衍射花样（b）

然后将浸渍硝酸镍溶液的膨胀石墨和 Si 粉混合粉体先干燥，再在 1073K 的流动 Ar 中加热 2h，将所得产物进行 TEM 观察。图 2.11（a）为烧后产物的 TEM 图片，可见片状结构上附着有粒径小于 100nm 的颗粒状物质；图 2.11（b）为图 2.11（a）中方框内黑色颗粒的 EDS 能谱结果，表明其主要组成元素为 C 和 Ni，由此可以推断该片状物质为膨胀石墨，颗粒状物质为 Ni 纳米颗粒。

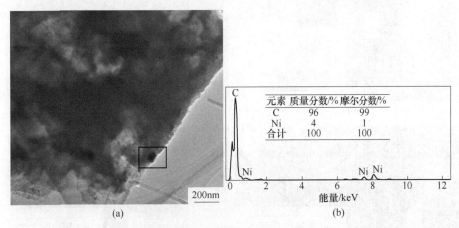

图 2.11 混合粉体在 1073K、Ar 气氛中反应 2h 后产物的 TEM 照片（a）
及矩形框区域的 EDS 结果（b）

2.3.3 Isobam-104 加入量对镍纳米颗粒粒径的影响

众所周知，催化剂的尺寸对其催化效果有明显的影响，通常催化剂的粒度越小其催化效果越好[14]。

图 2.10 和图 2.11 的结果表明，无保护剂作用时，Ni(NO₃)₂ 的分解产物 NiO 纳米颗粒的粒径较大且团聚现象严重，为了获得稳定分散且粒径较小的催化剂纳米颗粒，本节引入 Isobam-104 为催化剂的保护剂。图 2.12 为 Ni 占混合粉体的质量分数为 3% 时，Isobam-104/Ni 摩尔比分别为 0∶1、5∶1、10∶1、15∶1、20∶1 及 40∶1 时，Ni(NO₃)₂ 溶液浸渍后的膨胀石墨和 Si 混合粉体在 Ar 气氛中经 1073K 反应 2h 后的 TEM 图片。

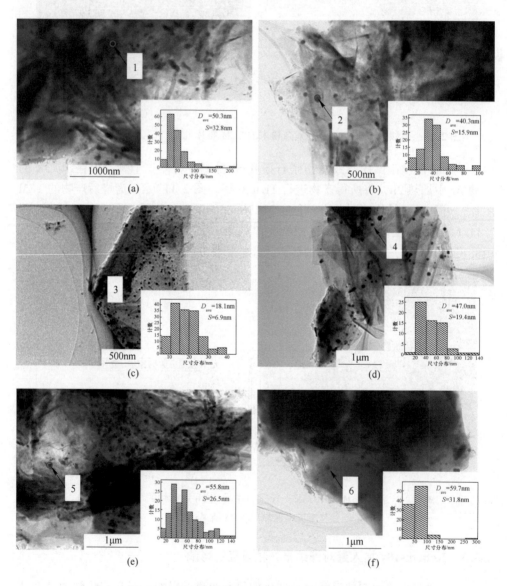

图 2.12　所得产物的 TEM 照片及颗粒粒径分布图

(a) 0∶1；(b) 5∶1；(c) 10∶1；(d) 15∶1；(e) 20∶1；(f) 40∶1

由图 2.12 可知，片状物质上分布着大量粒径小于 100nm 的颗粒状物质。当不加 Isobam-104 时，颗粒状物质的平均直径约为 50nm，其粒径分布不均匀。当 Isobam-104/Ni 的摩尔比分别为 0∶1、5∶1、10∶1、15∶1、20∶1 及 40∶1 时，黑色颗粒的尺寸呈现先减小后增大的趋势，当 Isobam-104/Ni 的摩尔比为 10∶1 时，其平均直径最小，约为 18nm，且分布最均匀。表明保护剂的最佳加入量约为 10∶1，保护剂加入量过低时不足以起到保护作用；其用量过大时，又会导致产物的团聚长大。

由图 2.13 的能谱结果可以看出，图 2.12 中各点的组成元素为 C、Ni 及 Cu，此外还有部分有少量的 O。因此可以推测该大片的层状结构物质为原料中的膨胀石墨，Cu 元素来源于 TEM 检测时的 Cu 支持膜，颗粒状物质为镍纳米颗粒。图 2.14 为图 2.12 (c) 中点 3 处镍颗粒的 HRTEM 图，条纹间距为 0.204nm，与 Ni 单质 (111) 晶面的晶面间距 (ICDD No.01-089-7128) 一致，进一步说明这些黑色颗粒为单晶镍纳米颗粒。

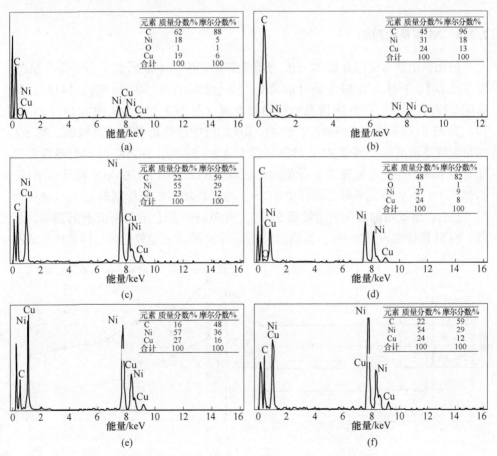

图 2.13　图 2.12 中点 1~点 6 的 EDS 能谱图
(a) 点 1；(b) 点 2；(c) 点 3；(d) 点 4；(e) 点 5；(f) 点 6

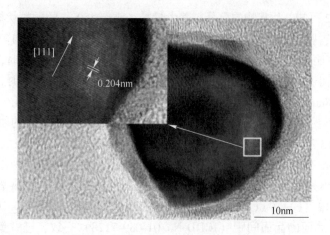

图 2.14 图 2.12 中点 3 的 HRTEM 图

2.3.4 Ni 用量的影响

催化剂用量对反应合成 3C-SiC 有着重要的影响。本节研究了当膨胀石墨/Si 摩尔比为 1∶1 时，Ni 加入量分别为 0、1%、2%、3%、4% 和 5%，1473K、3h 反应后所得产物的 XRD 图谱及物相相对含量（见图 2.15）。从图 2.15（a）可知，当 Ni 的加入量为 0~3% 时，产物 XRD 图谱中硅的衍射峰逐渐减弱，3C-SiC 的衍射峰逐渐增强；当增加 Ni 的加入量至 4%~5% 时，3C-SiC 的衍射峰强度反而有所下降，并且还出现了方石英的衍射峰。图 2.15（b）的半定量计算表明，当加入 3% 的 Ni 催化剂时，试样中 3C-SiC 的含量从不加催化剂时的 16% 增加为 54% 左右；继续增加催化剂用量至 5% 时，对 3C-SiC 的合成没有有利的影响。所以，Ni 的最佳加入量为 3%。其原因可能是当 Ni 的加入量较小时，体系中生成的

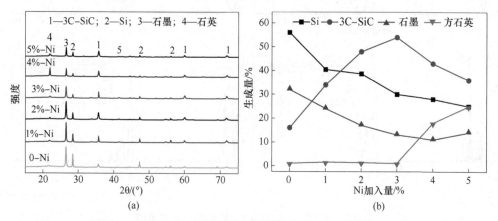

图 2.15 催化剂 Ni 的加入量不同时所得产物的 XRD 图谱(a)及物相相对含量(b)

粒度均匀的 Ni 纳米颗粒促进了膨胀石墨和 Si 的反应，此时与无催化剂加入的试样相比，提高了 3C-SiC 的生成量；当 Ni 的含量增加时，催化剂前驱体的加入量也随之增加，导致体系中氧含量的增加，从而使产物中方石英相的量增加，3C-SiC 的量降低。

2.3.5 反应温度的影响

图 2.16 是 Ni 的加入量为 3% 及膨胀石墨/Si 摩尔比为 1∶1 时，1073～1573K 反应 3h 后所得产物的 XRD 图谱及物相相对含量。从图 2.16 (a) 中可知，反应温度为 1073K 时，产物中只有 Si 和石墨的衍射峰，说明此时还没有 3C-SiC 的生成；当反应温度在 1173～1273K 时，产物 XRD 图谱仍然以 Si 和石墨的衍射峰为主，但出现了微弱的 3C-SiC 的衍射峰，说明 3C-SiC 已经开始生成。当反应温度继续升高至 1373～1473K 时，3C-SiC 的衍射峰变得非常明显，Si 和石墨的衍射峰明显减弱；最后升高反应温度至 1573K 时，产物 XRD 图谱中只有 3C-SiC 的衍射峰，说明膨胀石墨和 Si 之间的反应已经完成。采用 HighScore Plus 软件半定量分析了不同温度下合成产物中各物相的相对含量，如图 2.16 (b) 所示。结果表明，1073K 温度时产物中 3C-SiC 的含量为 0；当反应温度为 1173～1473K 时，3C-SiC 的含量逐渐增加为 54%；1573K 温度时，产物中 3C-SiC 的含量为 100%。与无催化剂的试样相比，SiC 开始生成的温度和完全反应的温度都降低了 100K。Wang 等人[10]以石墨烯和 Si 粉为原料，以 Fe 为催化剂在 1573K 真空气氛下制备了 3C-SiC 晶须，但产物中残留大量的石墨烯、Si 粉和催化剂，需用酸洗后才能得到 3C-SiC 和石墨烯的复合粉体；Ding 等人[15]以 Si 粉为原料，在 NaF-NaCl 熔盐介质中、1673K 反应后在天然鳞片石墨表面合成了 3C-SiC 保护层来提高天然鳞片石墨的抗氧化性能，虽然天然鳞片石墨的抗氧化性能有所提高，但在熔盐介

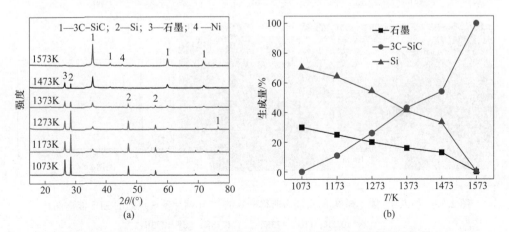

图 2.16　Ni 的加入量为 3% 反应所得产物的 XRD 图谱(a)及物相相对含量(b)

质中热处理后需要反复清洗才能得到产物粉体，且制备温度较高；Li 等人[16]以 Si 粉为原料，天然鳞片石墨氧化插层处理后作为碳源，在 1673K 反应 3h 后的产物中才检测不到 Si 的衍射峰。与这些工作相比，该工作降低了 Si 粉和石墨完全反应的温度，且得到了纯相的 3C-SiC 粉体。

图 2.17 为 1073~1523K 温度反应 3h 后所得产物的 SEM 照片。从图中可知，1073K 时所得试样中几乎没有晶须的生成，Si 粉和膨胀石墨基本还保持原始形貌，如图 2.17（a）所示。1173K 反应后所得试样中开始出现微量细小的晶须状

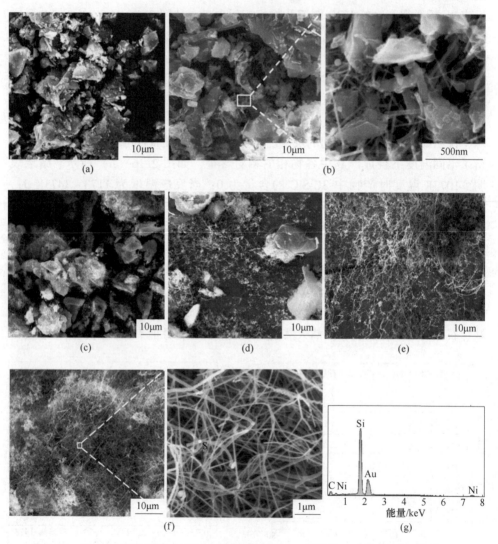

图 2.17 加入 3%催化剂 Ni 时反应后所得产物的 SEM 照片及 S 点处的 EDS 能谱图片

（a）1073K；（b）1173K；（c）1273K；（d）1373K；

（e）1473K；（f）1573K；（g）点 S 的能谱结果

物质，如图 2.17（b）所示；随着反应温度的升高，晶须状物质逐渐增多且其直径也逐渐增大，如图 2.17（c）~（g）所示。由图 2.17（g）中点 S 处 EDS 的元素分析结果可知，这些晶须状物质是由 C 元素和 Si 元素组成，结合 XRD 的结果可以推测其为 3C-SiC 晶须。

为进一步确定图 2.17 中晶须状物质的结构及组成，又采用 TEM 对其进行了表征，如图 2.18 所示。由图 2.18（a）的 TEM 图片可知，合成晶须的直径约为 50nm。图 2.18（b）衍射花样的标定结果表明该晶须为 3C-SiC。其 HRTEM（见图 2.18（b））中可以看到清晰的晶格条纹，条纹的间距约为 0.25nm，与 3C-SiC（111）面的晶面间距（0.25nm）相符，表明 3C-SiC 晶须是沿（111）晶面的垂直方向生长的。

图 2.18 3C-SiC 晶须的典型 TEM 照片(a)及 HRTEM 和衍射斑点(b)

2.3.6 催化合成 3C-SiC 晶须的机理

第 2.2 节和第 2.3 节的实验说明 Ni 纳米颗粒对膨胀石墨和硅粉反应生成 3C-SiC 晶须有促进作用。众所周知，晶须的生长主要有两种生长机制[17-20]：气-固-液生长和气-固生长。气-固-液生长机制又分顶端生长和底端生长[21]，即在晶须的顶部或者底部分别存在催化剂液滴，而且液滴的大小和晶须的直径相当。从图 2.19 中可以清晰地看到大部分 3C-SiC 晶须垂直于膨胀石墨的表面方向生长（见图 2.19（a））；另外，晶须的顶端和底部并没有观察到催化剂液滴的存在（见图 2.19（b））。另一方面，图 2.12 的 TEM 图片表明，催化剂纳米颗粒基本在 20nm 左右；而图 2.17 中 SiC 晶须的直径都在 60nm 左右，两者至少相差 3 倍。因此，可以认为，本章中过渡金属纳米颗粒对 3C-SiC 晶须生成的促进作用和传统的气-固-液的催化机理应该不同。

(a)   (b)

图 2.19 加入 3% 催化剂 Ni 时合成 3C-SiC 晶须的典型 SEM 照片

(a) 1373K 反应 3h；(b) 1573K 反应 3h

    图 2.16 的 XRD 分析结果表明，3C-SiC 的开始生成温度约为 1173K；而产物的 SEM 照片（见图 2.17）中，更高的温度下才观察到大量 3C-SiC 晶须的生成。基于这些实验结果，可以推测催化剂作用下 3C-SiC 晶须的生长可能分以下 2 步：(1) 低温催化反应成核；(2) 高温气相反应生长。图 2.20 为其生长过程示意图。

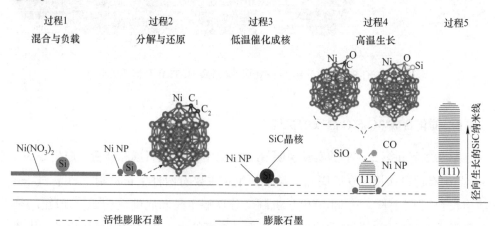

图 2.20 Ni 纳米颗粒催化合成 3C-SiC 晶须的生长机理示意图

    开始，过渡金属硝酸盐通过浸渍过程均匀分布在膨胀石墨和 Si 粉表面，如图 2.20 过程 1 所示，随着反应温度的升高，催化剂前驱体 $Ni(NO_3)_2$ 分解为 NiO，反应过程见式 (2.1)；继续升高温度，分解后的 NiO 被膨胀石墨或 Si 还原为 Ni 纳米颗粒，原位均匀地负载在膨胀石墨及硅粉的表面，如图 2.20 过程 2 所示，反应过程见式 (2.2) 及式 (2.3)。

$$C + NiO \Longrightarrow Ni + CO(g) \tag{2.2}$$

$$\Delta_r G^{\ominus}_{(2.2)}(kJ/mol) = 75.449 - 0.1726T$$

$$Si + NiO \Longrightarrow Ni + SiO(g) \tag{2.3}$$

$$\Delta_r G^{\ominus}_{(2.3)}(kJ/mol) = 83.713 - 0.1636T$$

当温度升高到 1173K 左右时，膨胀石墨和 Si 粉在纳米颗粒催化剂作用下反应生成 3C-SiC 的晶核，如图 2.20 过程 3 所示，反应过程见式（2.4）；由于原位过渡金属纳米颗粒均匀地分散在反应物膨胀石墨和 Si 粉的表面，可以导致 3C-SiC 大量均匀地成核，但是由于不满足晶须的动力学生长条件，晶核无法在成核温度下继续生长为晶须。

$$Si + C \Longrightarrow SiC \tag{2.4}$$

$$\Delta_r G^{\ominus}_{(2.4)}(kJ/mol) = -68.497 + 0.007769T$$

随着反应温度的进一步升高，体系中 SiO（g）和 CO（g）的浓度逐渐增大，一旦满足了 3C-SiC 晶须的生长条件，最终在催化剂作用下发生气相 SiO（g）和 CO（g）之间的反应，在 3C-SiC 的晶核上定向气相沉积生长出细小的 3C-SiC 晶须，如图 2.20 过程 4 所示，反应过程见式（2.5）；随着反应时间的延长，晶须最终生长为具有较大长径比的 3C-SiC 晶须，如图 2.20 过程 5 所示。

$$SiO(g) + 3CO(g) \Longrightarrow SiC + 2CO_2(g) \tag{2.5}$$

$$\Delta_r G^{\ominus}_{(2.5)}(kJ/mol) = -32.336 + 0.3486T$$

2.4 硝酸铁为催化剂前驱体合成 SiC 粉体

2.4.1 Fe 用量的影响

流通的 Ar 气氛中，1073K 反应 2h 后的膨胀石墨/Si 混合粉体上原位生成的 Fe 纳米颗粒（Isobam-104/Fe 的摩尔比为 10∶1）的 TEM 照片、粒径分布图及 EDS 结果如图 2.21 所示。从 TEM 图（见图 2.21（a））中可以看到，在片状材料上分布着很多粒径小于 10nm 的颗粒状物质，HRTEM（见图 2.21（b））表明其晶格条纹的间距（0.20nm）与 Fe（ICDD No.00-001-1267）的（011）面的面间距相符。其粒度分布结果（见图 2.21（c））表明纳米颗粒的平均粒径为 5.1nm。点 1 及点 2 处的片状物质及颗粒的 EDS（见图 2.21（d））结果表明，点 1 处的片状物质为膨胀石墨；点 2 处的颗粒为 Si。

当膨胀石墨/Si 的摩尔比为 1∶1 时，Fe 加入量分别为 1%、2%、3% 和 4%，1473K/3h 反应后所得产物的 XRD 图谱及物相相对含量如图 2.22 所示。从图 2.22（a）可知，当 Fe 的加入量为 1% 时，产物的 XRD 图谱中硅的衍射峰明显比无催化剂时要弱很多，增加 Fe 的加入量为 4% 时，3C-SiC 的衍射峰强度变化不大。图 2.22（b）的半定量计算表明，当加入 1% 的 Fe 催化剂时，试样中 3C-SiC

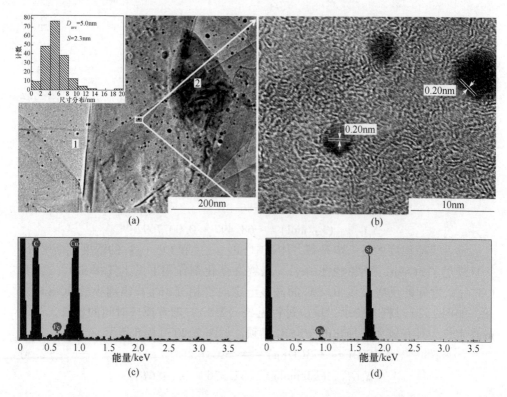

图 2.21 负载 Fe 纳米颗粒的膨胀石墨/Si 混合粉体的显微结构图片

（a）TEM 照片及纳米颗粒的粒度分布；（b）纳米颗粒的 HRTEM 照片；

（c）（d）图 2.21（a）中点 1 及点 2 处颗粒状物质的 EDS 分析

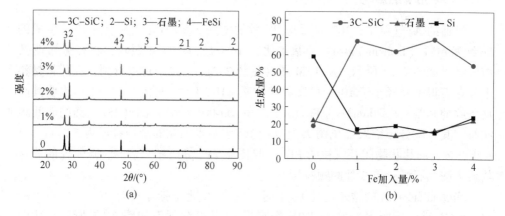

图 2.22 催化剂 Fe 的添加量不同时所得产物的 XRD 图谱（a）及物相相对含量（b）

的含量从不加催化剂时的 16% 增加为 68%；继续增加催化剂用量至 4% 时，对 3C-SiC 的合成没有明显的影响。

2.4.2 膨胀石墨/Si 摩尔比的影响

当 Fe 的加入量为 1% 及膨胀石墨/Si 摩尔比分别为 0.6、0.8、1.0、1.2 和 1.4 时，1373K 反应 3h 后所得产物的 XRD 图谱及各物相的相对含量如图 2.23 所示。图 2.23 (a) 各物相的 XRD 图谱结果表明：随着 C/Si 摩尔比的增大，产物中 3C-SiC 的衍射峰强度先增强后减弱，当膨胀石墨/Si 摩尔比为 1∶1 时达到最强。半定量计算结果（见图 2.23 (b)）表明，当膨胀石墨/Si 摩尔比为 1∶1 时，产物中 3C-SiC 的含量最高，约为 58%。

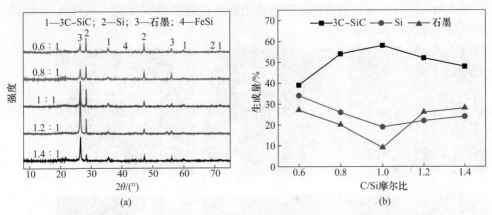

图 2.23　膨胀石墨/Si 摩尔比不同时所得产物的 XRD 图谱(a)及物相相对含量(b)

2.4.3 反应温度的影响

图 2.24 是 Fe 的加入量为 1% 及膨胀石墨/Si 摩尔比为 1∶1 时，不同温度下反应 3h 后所得产物的 XRD 图谱及物相相对含量。从图 2.24 (a) 中可知，当反应温度为 1173~1273K 时，3C-SiC 已经开始生成。升高反应温度至 1573K 时，Si

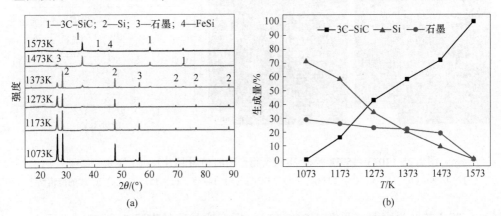

图 2.24　不同温度下合成产物的 XRD 图谱(a)及物相相对含量(b)

已经完全发生反应。采用 HighScore Plus 软件半定量分析了不同温度时合成产物中各物相的相对含量，如图 2.24（b）所示。结果表明，1073K 温度时，产物中 3C-SiC 的含量几乎为零；当反应温度为 1173~1573K 时，3C-SiC 的含量逐渐增加为 100%。相比无催化剂的试样（见图 2.7），反应物完全反应的温度降低了 100K。

图 2.25 为不同温度下合成的 3C-SiC 粉体的 SEM 显微照片。从图中可知，1073K 温度反应后材料中存在着片状的膨胀石墨和颗粒状的单质 Si，如图 2.25（a）所示，随着反应温度从 1173K 升高到 1573K，产物中逐渐出现了大量细长的晶须，直径约为 50nm，长度达数微米。图 2.25（g）中点 R 处 EDS 的元素分析结果表明，这些晶须状物质的主要组成元素为 C 元素和 Si 元素，结合 XRD 的结果可以推测其为 3C-SiC。

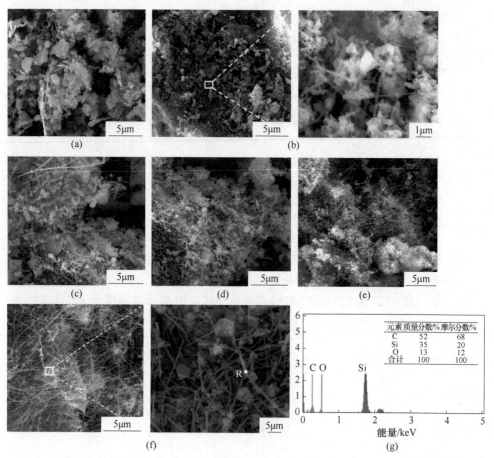

图 2.25　1073~1573K 反应 3h 后所得产物的 SEM 照片及点 R 的能谱结果

（a）1073K；（b）1173K；（c）1273K；（d）1373K；（e）1473K；（f）1573K；（g）点 R 的能谱结果

TEM 的结果表明（见图 2.26（a）），所合成晶须的直径约为 60nm。图 2.26

(b) 的衍射花样表明，所合成的晶须为 3C-SiC。HRTEM（见图 2.26（b））中晶格条纹的间距约为 0.25nm，与 3C-SiC（111）面的晶面间距（0.25nm）相符，表明晶须是沿（111）晶面的垂直方向生长的。

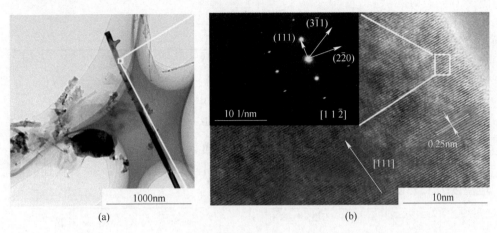

(a)　　　　　　　　　　　　　　(b)

图 2.26　1573K 反应 3h 后所得产物的 TEM（a）、HR-TEM 和 SAED 照片（b）

（1%Fe，膨胀石墨/Si 摩尔比为 1∶1）

2.5　硝酸钴为催化剂前驱体合成 3C-SiC 粉体

按照 Isobam-104/Co 的摩尔比为 10∶1 制备 Co（NO$_3$）$_2$ 溶液，然后用其浸渍膨胀石墨和 Si 的混合粉体，最后将干燥后的混合粉体在 Ar 气氛中、1073K 温度反应 2h 后，得到 Co 纳米颗粒原位负载于膨胀石墨/Si 粉上的粉体，其显微结构表征如图 2.27 所示。结果表明纳米颗粒大小均匀，其粒径分布统计结果（见图 2.27（a））表明纳米颗粒的平均粒径约为 4.6nm。点 1、点 2 处的颗粒及片状物质的 EDS（见图 2.27（b）和（c））结果表明，点 1 处的纳米颗粒为 Co，点 2 处的片状物质为膨胀石墨。

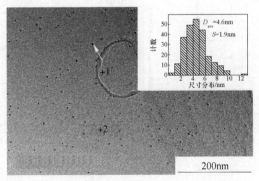

(a)

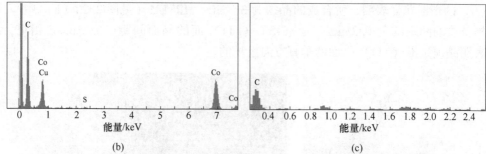

图 2.27 负载 Co 纳米颗粒的膨胀石墨的 TEM 照片、Co 纳米颗粒的粒度分布(a)
及点 1(b)和点 2(c)的 EDS 分析

研究了催化剂 Co 加入量的不同及反应温度对合成产物的影响，结果如图
2.28 和图 2.29 所示。结果表明，实验条件下最佳的 Co 加入量为 3%，最佳的反
应温度为 1573K。

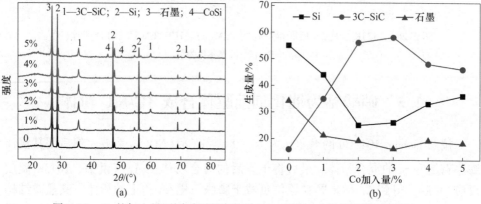

图 2.28 Co 的加入量不同时所得产物的 XRD 图谱(a)及物相相对含量(b)

(1473K、3h，膨胀石墨/Si 摩尔比为 1:1)

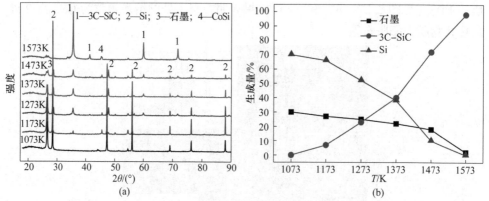

图 2.29 不同温度下合成产物的 XRD 图谱(a)及物相相对含量(b)

(Co 加入量为 3%，膨胀石墨/Si 摩尔比为 1:1)

对不同反应温度下所得产物的显微形貌进行了表征。图 2.30 为其 SEM 显微照片。图 2.31 为其 TEM 照片。从图中可知，所合成产物中存在着大量的 3C-SiC 晶须，其直径为 50～60nm，长度达几十微米，且沿（111）晶面的垂直方向生长。

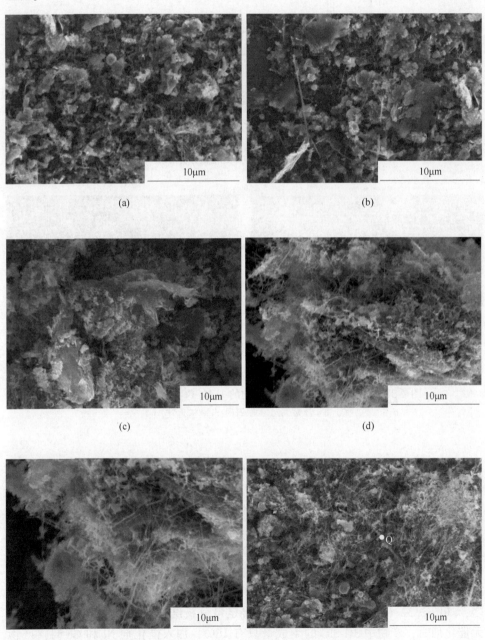

(a)

(b)

(c)

(d)

(e)

(f)

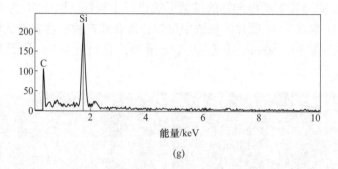

图 2.30 1073~1573 反应 3h 后所得产物的 SEM 照片及 EDS

（Co 加入量为 3%，膨胀石墨/Si 摩尔比为 1∶1）

(a) 1073K；(b) 1173K；(c) 1273K；(d) 1373K；(e) 1473K；

(f) 1573K；(g) 点 Q 的能谱分析结果

图 2.31 1573K 反应 3h 后所得产物的 TEM(a)、HRTEM 和 SAED(b)

（Co 加入量为 3%，膨胀石墨/Si 摩尔比为 1∶1）

2.6 催化剂种类的影响对比

图 2.32 为无催化剂和分别加入 1% 的 Fe、Co 及 Ni 纳米颗粒催化剂时，膨胀石墨与 Si 粉经 1473K 反应 2h 所得产物的 XRD 图谱及物相相对含量。从图中可知，虽然无催化剂和加入不同催化剂反应后的产物中都出现了 3C-SiC 的衍射峰，但无催化剂时所得产物中 3C-SiC 的衍射峰最弱，而加入催化剂 Fe 的产物中 3C-SiC 的衍射峰最强，加入催化剂 Ni 和 Co 的产物中 3C-SiC 的衍射峰的强度次之，如图 2.32 （a）所示。物相含量的半定量分析结果表明（见图 2.32 （b）），无催化剂时，产物中 3C-SiC 的生成量只有 16%，加入催化剂 Ni 和 Co 时，产物中 3C-SiC 的生成量分别为 35% 和 34%；而当加入催化剂 Fe 时，产物中 3C-SiC 的

生成量达到了 68%。另外，根据图 2.16、图 2.24 及图 2.29 的实验结果可以看出：1573K 时，1% 的催化剂 Fe 即可使反应完全进行，3% 的 Ni 或 Co 催化剂才可以使膨胀石墨和 Si 粉完全反应，这表明 Fe 的催化作用最佳。

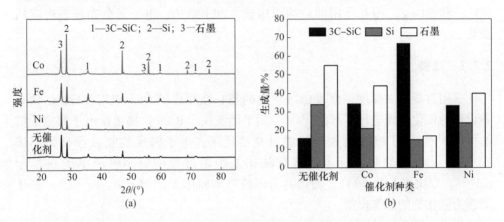

图 2.32　加入不同催化剂 1473K 反应 3h 后所得产物的 XRD 图谱(a)及物相相对含量(b)

本章研究表明，以过渡金属硝酸盐为催化剂前驱体、以 Isobam-104 为保护剂可以得到原位负载且粒度小于 20nm 的 Fe、Co 及 Ni 催化剂纳米颗粒，Fe、Co 及 Ni 纳米颗粒的原位生成对膨胀石墨和硅粉反应生成 3C-SiC 有着明显的催化作用。加入 1% 的催化剂 Fe 或者 3% 的催化剂 Co 和 Ni 时，3C-SiC 的完全反应温度可降低到 1573K，而相同条件下无催化剂的试样中只生成了约 50% 的 3C-SiC。第一性原理的计算表明，过渡金属纳米颗粒与反应物之间强的相互作用削弱了 C═C 键、Si—O 键及 C—O 键自身的结合强度，从而促进了 3C-SiC 的成核和生长。其中，催化剂 Fe 与 C═C 键、Si—O 键及 C—O 键的作用能力最大，催化效果也最明显，与实验结果相符。产物中生成了大量的 3C-SiC 晶须，直径约为 60nm，长度约为几微米，其生长过程包括低温催化成核和高温气相生长两个过程。低温下 3C-SiC 晶核的大量生成应该是产物中生成大量 3C-SiC 晶须的决定性因素。

2.7　应用第一性原理计算研究催化机理

2.1~2.6 节的实验结果表明纳米颗粒的原位生成促进了膨胀石墨/硅粉反应合成 3C-SiC 粉体的过程，原因可能如下：（1）膨胀石墨层间 C═C 键的结合由于 Ni 纳米颗粒的吸附而减弱，C 原子因此被活化而更易参与反应[22]；（2）体系中的 CO(g) 和 SiO(g) 分子在催化剂纳米颗粒的作用下也变得更容易反应[23]。第一性原理计算被广泛地用来解释催化剂的催化机理。大量的计算结果表明[24-27]，催化剂与材料之间的相互作用会改变材料的电子结构、相互作用能、电荷分布及电子态密度等。因此，为了分析催化剂纳米颗粒对合成 3C-SiC 的催化作用机理，本章采用第一性原理计算了催化剂纳米颗粒与 C ═C 双键、CO(g) 分子和 SiO(g) 分子之间的相互作用，分析了催化剂纳米颗粒与 C ═C 键、CO(g) 和 SiO(g) 相互作用前后的作用能、电子结构、电子云分布及态密度的变化。

2.7.1　建模

采用自旋广义梯度近似（GGA）[28] 的第一性原理[29-30]，应用 VASP 软件对催化剂的催化机理进行了研究[31-32]。用平面波法（PAW）描述价电子和原子核的作用[33-34]，用 PBE 模式描述能量交换泛函，电子密度的收敛标准为小于 10^{-5}eV，力参数的收敛标准为优化结构及吸附过程中每个原子小于 0.2eV/nm[35]。以块体上沿（111）面切割而得的二十面体 M_{55}(M=Ni, Fe, Co) 原子团簇为催化剂的计算模型。

以 C—O 键为例，结合能的定义公式如下：

$$E_{CO结合能} = (E_{C原子的总结合能} + E_{O原子的总结合能}) - E_{CO分子的结合能} \tag{2.6}$$

以 M_{55}-CO 系统为例，吸附能的定义公式如下：

$$E_{ads} = (E_{sub} + E_{mol}) - E_{(sub+mol)} \tag{2.7}$$

式中，E_{ads} 为吸附能；$E_{(sub+mol)}$ 为吸附 CO 分子后体系的总能量；E_{sub} 和 E_{mol} 分别为吸附前 M_{55} 的能量和分子 CO 的能量。

电子在 M_{55} 纳米团簇与 C ═C 键、Si—O 键和 C—O 键之间的电荷转移通过电子云密度的变化来表示。以 C—O 键为例，电子云密度的变化 $\Delta\rho$ 定义公式如下：

$$\Delta\rho = \rho(M_{55}/C—O) - \rho(M_{55}) - \rho(C—O) \tag{2.8}$$

式中，$\rho(M_{55}/C—O)$ 为 M_{55} 团簇与 C—O 键吸附后的电子云密度；$\rho(M_{55})$ 为吸附前 M_{55} 纳米团簇的电子云密度；$\rho(C—O)$ 为吸附作用前 C—O 键的电子云密度。

2.7.2　Ni 纳米团簇催化机理研究

作者用第一性原理平面波赝势法研究了 C ═C 双键、Si—O 键和 C—O 键吸附在 Ni_{55} 纳米团簇后的结构。图 2.33 为自由状态下的 C ═C 双键、Si—O 键和 C—O 键及其吸附在 Ni_{55} 团簇上的几种可能结构。表 2.4 为吸附前 C ═C 双键、Si—O 键和 C—O 键的结合能和键长与吸附后其与 Ni_{55} 的吸附能和键长。图 2.33 （a）表明自由状态下 C ═C 双键的结合能为 7.19eV，键长为 0.131nm；图 2.33 （b）表明自由状态下 Si—O 键的结合能为 8.91eV，键长为 0.153nm；图 2.33 （c）表明自由状态下 C—O 键的结合能为 12.02eV，键长为 0.111nm。图 2.33 （d）为 C ═C 键吸附在 Ni_{55} 团簇上的几种可能结构，A1 吸附模式为 C ═C 键中 1

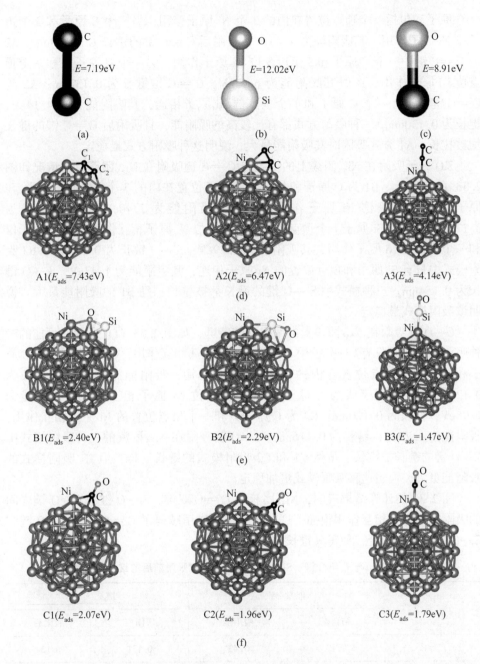

图 2.33 C≡C 键、Si—O 键和 C—O 键与 Ni$_{55}$ 纳米团簇吸附后的可能结构、键长和吸附能

(a) 膨胀石墨上的 C—C 键；(b) Si—O 键；(c) C—O 键；

(d) C≡C 键在 Ni$_{55}$ 团簇上的三种吸附模式；(e) Si—O 键在 Ni$_{55}$ 团簇上的三种吸附模式；

(f) C—O 键在 Ni$_{55}$ 团簇上的三种吸附模式

个 C 原子和包括一个顶点位置在内的 3 个 Ni 原子作用，另一个 C 原子和 3 个边缘位 Ni 原子作用，其吸附能为 7.43eV，吸附后 C═C 键的键长为 0.134nm；A2 为 C═C 键中一个 C 原子和 3 个边缘位 Ni 原子作用，另一个 C 原子只和一个顶点位 Ni 原子作用，此时其吸附能为 6.47eV，C═C 键键长为 0.132nm；A3 为 C═C 键中只有一个 C 原子和 1 个顶点位 Ni 原子相连，其吸附能只有 4.14eV，键长为 0.130nm。三种吸附方式都有比较高的吸附能，且吸附后 C═C 键的键长均被拉长；A1 方式吸附时其吸附能最大，说明这种吸附方式最稳定。

SiO 分子吸附在 Ni_{55} 团簇上的情况与 C═C 键吸附在 Ni_{55} 团簇上的情况如图 2.33（e）所示。B1 为 O 原子和包括一个顶点位置在内的 3 个 Ni 原子作用，Si 原子和 3 个边缘位 Ni 原子作用，此时其吸附能为 2.40eV，Si—O 键长为 0.170nm；B2 为 Si 原子 1 个顶点位和 3 个边缘位 Ni 原子相互作用，而 O 原子仅和一个边缘位 Ni 原子作用，其吸附能为 2.29eV，Si—O 键长为 0.163nm；B3 吸附模式中只有 Si 原子和顶点位置的 Ni 原子相连，其吸附能为 1.47eV，Si—O 键长为 0.154nm。三种模式中 Si—O 键的键长都被拉长；且 B1 的吸附能最大，说明该吸附模式最稳定。

C—O 键吸附在 Ni_{55} 团簇上的情况比较特殊，如图 2.33（f）所示。可能的三种吸附模式都是只有 CO 分子中 C 原子和 Ni_{55} 团簇相互作用，C1 吸附模式为 C 原子和包括一个顶点位置在内的 3 个 Ni 原子作用，吸附能为 2.07eV，键长为 0.120nm；C2 吸附模式为 C 原子和 3 个边缘位 Ni 原子相互作用，吸附能为 1.96eV，键长为 0.120nm；C3 为 C 原子只和一个顶点位置的 Ni 原子相互作用，吸附能为 1.79eV，键长为 0.116nm。C—O 键吸附在 Ni_{55} 团簇的三种吸附模式中 C—O 键的键长被拉长。虽然 C1 和 C2 吸附模式的键长一样，但 C1 吸附模式的吸附能更大，说明这种吸附模式更加稳定。

图 2.33 的计算结果表明，Ni_{55} 团簇和 C═C 双键、Si—O 键和 C—O 键之间的吸附能很大，相互作用很强，这种强的相互作用减弱了 C═C 键、Si—O 键和 C—O 键自身的结合，使得其键长被拉长。

表 2.4 Ni_{55} 与 C═C 键、Si—O 键和 C—O 键吸附前后的结合能和键长

分　子	能量/eV		键长/nm	
	结合能	吸附能	吸附前	吸附后
C═C	7.19	7.43	0.131	0.134
Si—O	8.91	2.40	0.153	0.170
C—O	12.02	2.07	0.111	0.120

C═C 键、Si—O 键和 C—O 键键长的变化本质上是其核外电子分布的变化。

因此以三种最稳定的吸附模式（图2.33中的A1、B1及C1）为例，研究了其核外电子云分布及其电子的态密度。表2.5是根据Bader分析计算的Ni纳米团簇吸附 C ═C 键、Si—O键和C—O键后各原子核外电子的转移情况。结果表明，电子分别从 Ni_{55} 转移到了 C ═C 键、Si—O键和C—O键，转移的电量分别为 0.90e、0.33e和0.44e。计算结果还表明，体系中的C原子和Si原子得到了电子，而O原子和Ni原子则失去了电子。电子转移也同样说明了 Ni_{55} 纳米团簇和 C ═C 键、Si—O键及C—O键之间有着很强的吸附作用。

表2.5　Ni纳米团簇吸附 C ═C 键、Si—O键和C—O键后的电子转移量

分　子	吸附前	吸附后
C ═C	8.00（C_1-4.00，C_2-4.00）	8.90（C_1-4.42，C_2-4.48）
Si—O	10.00（Si-2.70，O-7.30）	10.33（Si-3.07，O-7.25）
C—O	10.00（C-2.94，O-7.06）	10.44（C-3.43，O-7.01）

图2.34是一个布里渊区内 Ni_{55} 纳米团簇、C ═C 键、Ni_{55} 和 C ═C 键吸附后自旋加速和自旋减速电子的态密度图谱。从图中可知，吸附前后 Ni_{55} 纳米团簇和 C ═C 键的电子能态密度图差异非常大，说明 C ═C 键中的电子能态发生了变化，也同样证明了 Ni_{55} 纳米团簇与 C ═C 键之间有很强的相互作用。

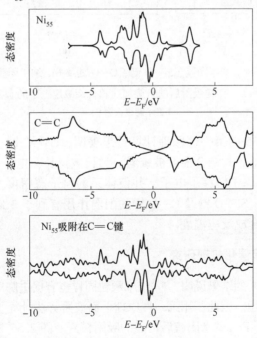

图2.34　Ni_{55} 纳米团簇、C ═C 键及 C ═C 键吸附在 Ni_{55} 后的自旋加速
和自旋减速的电子态密度图谱

图 2.35 是一个布里渊区内 Si—O 键、C—O 键及其与 Ni$_{55}$ 团簇相互作用后的电子态密度图谱。由图可见，吸附前后 Ni$_{55}$ 纳米团簇、Si—O 键和 C—O 键的电子态密度变化也很大，同样说明 Ni$_{55}$ 纳米团簇与 Si—O 键和 C—O 键之间存在着强的相互作用。

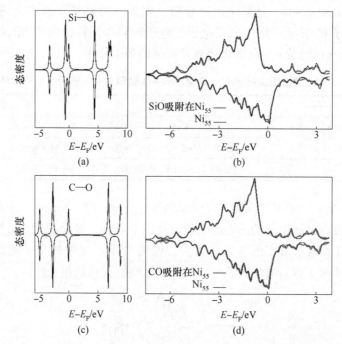

图 2.35 Ni$_{55}$ 纳米团簇、Si—O 键、C—O 键及 Ni$_{55}$ 纳米团簇分别与
Si—O 键和 C—O 键吸附后的自旋加速和自旋减速电子的态密度图谱
（费米能级设为 0）

图 2.33~图 2.35 的第一性原理计算结果表明，C═C 键、Si—O 键和 C—O 键吸附在 Ni$_{55}$ 团簇上后其结合强度被减弱，键长被拉长；电子云分布图说明 Ni$_{55}$ 团簇向 C 原子及 Si 原子转移了电子，并使体系的电子态密度发生了变化。Ni 纳米颗粒对 C═C 键、Si—O 键及 C—O 键的削弱作用有利于 3C-SiC 合成反应的进行，最终降低了其合成反应温度。

2.7.3 Fe 纳米团簇催化机理研究

图 2.26~图 2.29 的结果说明，Fe 纳米颗粒同样也有促进膨胀石墨/Si 粉反应合成 3C-SiC 粉体的作用。因此，用第一性原理平面波赝势法计算了 C═C 键、Si—O 键和 C—O 键吸附了 Fe$_{55}$ 纳米团簇后可能的吸附模式。图 2.36 为 C═C 键、Si—O 键和 C—O 键吸附在 Fe$_{55}$ 团簇上的几种可能吸附模式。其中两种最稳定模式吸附后的吸附能和键长见表 2.6。图 2.36 （a）所示模式为 C═C 键吸附在 Fe$_{55}$ 团簇上的 2

种可能吸附模式, 图 2.36 (a) 中 A1 的吸附模式是每个 C 原子都和 3 个 Fe 原子作用, 且其中有一个位于顶点位置的 Fe 原子, 此时 C≡C 键和 Fe_{55} 团簇的吸附能为 8.06eV, C≡C 键的键长为 0.134nm。A1 吸附模式的稳定性优于两个 C 原子中只有一个 C 原子和 Fe 原子的一个位于顶点原子相作用的 A2 吸附模式。

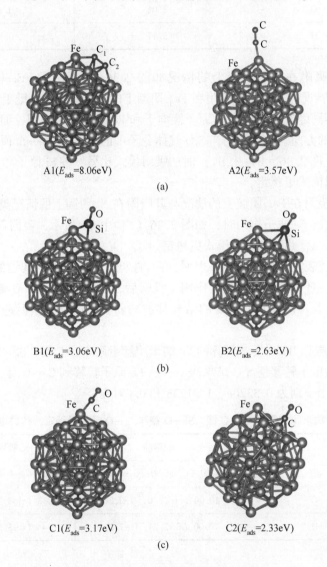

A1(E_{ads}=8.06eV)　　　　A2(E_{ads}=3.57eV)

(a)

B1(E_{ads}=3.06eV)　　　　B2(E_{ads}=2.63eV)

(b)

C1(E_{ads}=3.17eV)　　　　C2(E_{ads}=2.33eV)

(c)

图 2.36　第一性原理计算的 C≡C 键、Si—O 键和 C—O 键与 Fe_{55} 纳米团簇吸附后

可能的吸附模式、键长与吸附能

(a) C≡C 键在 Fe_{55} 团簇上的 2 种吸附模式;

(b) Si—O 键在 Fe_{55} 团簇上的 2 种吸附模式;

(c) C—O 键在 Fe_{55} 团簇上的 2 种吸附模式

表 2.6 C═C 键、Si─O 键和 C─O 键在 Fe₅₅纳米团簇上吸附后的吸附能和键长

分　　子	吸附能/eV	键长/nm
C═C	8.06	0.134
Si─O	3.06	0.155
C─O	3.17	0.118

Si─O 键吸附在 Fe_{55} 团簇上的情况如图 2.36（b）所示。Si─O 键吸附在 Fe_{55} 团簇上的情况与 C═C 键吸附在 Fe_{55} 团簇上的情况及 Si─O 键吸附在 Ni 团簇上的情况的不同之处在于只有 Si 原子倾向于和 Fe 原子发生作用，而 O 原子则在远离 Fe 原子的方向。结果表明当 SiO 气体分子中的 Si 原子和一个顶点位置的 Fe 原子作用（见图 2.36（b）中 B1）时的吸附模式比另一种 Si 原子和 4 个 Fe 原子相作用的吸附模式更稳定。

C─O 键吸附在 Fe_{55} 团簇上的情况与其吸附在 Ni 团簇上的情况类似。当 C 原子和 1 个顶点的 Fe 原子作用时，如图 2.36（c）中 C1 所示，吸附能为 3.17eV，键长为 0.118nm，此时的吸附模式更稳定。

图 2.36 及表 2.6 的计算结果表明，Fe 纳米团簇和吸附于其上的 C═C 键、Si─O 键和 C─O 键有着强的相互作用。吸附后，C═C 键、Si─O 键和 C─O 键的键长都被拉长。说明它们自身的结合都被减弱了，这有利于促进 3C-SiC 的成核和生长。

表 2.7 是根据 Bader 分析计算的 Fe 纳米团簇吸附 C═C 键、Si─O 键和 C─O 键后各原子的电子转移情况。结果表明，从 Fe 原子转移到 C═C 键、Si─O 键和 C─O 键的电子分别为 0.3326e、1.2123e 和 0.0917e。

表 2.7 Fe 纳米团簇吸附 C═C 键、Si─O 键和 C─O 键后最稳定结构的电子转移量

分　　子	吸附前	吸附后
C═C	8.00（C_1-4.00，C_2-4.00）	8.90（C_1-4.82，C_2-4.39）
Si─O	10.00（Si-2.70，O-7.30）	10.33（Si-2.78，O-7.31）
C─O	10.00（C-2.94，O-7.06）	10.44（C-3.27，O-7.06）

2.7.4 Co 纳米团簇催化机理研究

用第一性原理平面波赝势法研究了 C═C 键、Si─O 键和 C─O 键吸附在 Co_{55} 纳米团簇后可能的吸附模式（见图 2.37），最稳定吸附模式的吸附能和吸附后的键长见表 2.8。图 2.37（a）所示的 C═C 键吸附在 Co55 纳米团簇可能的 2

种吸附模式中，每个 C 原子都和 3 个 Co 原子作用的吸附模式，如图 2.37（a）中 A1 所示，比两个 C 原子中只有一个 C 原子和 Co_{55} 原子相作用的吸附模式（见图 2.37（a）中 A2）更稳定。

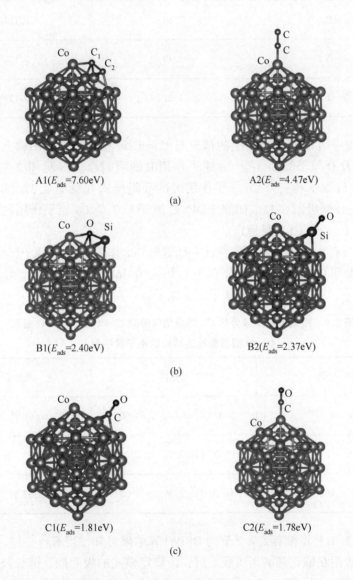

A1(E_{ads}=7.60eV)　　　　　　　A2(E_{ads}=4.47eV)

(a)

B1(E_{ads}=2.40eV)　　　　　　　B2(E_{ads}=2.37eV)

(b)

C1(E_{ads}=1.81eV)　　　　　　　C2(E_{ads}=1.78eV)

(c)

图 2.37　第一性原理计算的 C═C 键、Si—O 键和 C—O 键与 Co_{55} 纳米团簇吸附后

可能的吸附模式、键长与吸附能

（a）C═C 键在 Co_{55} 团簇上的 2 种可能的吸附模式；

（b）Si—O 键在 Co_{55} 团簇上的 2 种可能的吸附模式；

（c）C—O 键在 Co_{55} 团簇上的 2 种可能的吸附模式

表 2.8 C ═C 键、Si—O 键和 C—O 键与 Co55 吸附后的吸附能和键长

分　子	吸附能/eV	键长/nm
C ═C	7.60	0.133
Si—O	2.40	0.172
C—O	1.81	0.121

Si—O 键吸附在 Co_{55} 团簇上的情况与 C ═C 键吸附在 Co_{55} 团簇上的情况相似。Si 原子及 O 原子都和 3 个 Co 原子作用时的吸附模式（见图 2.37（b）中 B1）比只有 Si 原子和三个 Co 原子作用时的吸附模式（见图 2.37（b）中 B2）更稳定。C—O 键吸附在 Co_{55} 团簇上时，C 原子和 3 个 Co 原子作用的吸附模式（见图 2.37（c）中 C1）最稳定。

表 2.9 为 C ═C 键、Si—O 键和 C—O 键与 Co_{55} 作用后从 Co 原子转移到 C ═C 键、Si—O 键和 C—O 键的电子分别为 1.13e、0.4682e 和 0.4789e。C 原子和 Si 原子得到电子，而 Co 原子和 O 原子失去电子。

表 2.9　根据 Bader 法分析 Co 纳米团簇吸附 C ═C 键、Si—O 键和
C—O 键后最稳定结构的电子转移量

分　子	吸附前	吸附后
C ═C	8.00（C_1-4.00, C_2-4.00）	8.90（C_1-4.65, C_2-4.48）
Si—O	10.00（Si-2.70, O-7.30）	10.33（Si-3.20, O-7.27）
C—O	10.00（C-2.94, O-7.06）	10.44（C-3.55, O-6.93）

根据第 2.7.1 节和第 2.7.2 节的 DFT 计算结果可知，当 C ═C 键、Si—O 键和 C—O 键吸附在催化剂纳米团簇上后，最稳定模式的吸附能、键长及电子转移情况对比见表 2.10～表 2.12。从表中可知，从吸附能来看，三种催化剂中，Ni_{55} 及 Co_{55} 纳米团簇与 C ═C 键、Si—O 键和 C—O 键的吸附能相当，而 Fe_{55} 纳米团簇与 C ═C 键、Si—O 键和 C—O 键的吸附能要比 Ni_{55} 及 Co_{55} 纳米团簇的高 0.4～0.6eV，说明 Fe_{55} 与反应物之间具有更强的吸附作用，这可能是 Fe 催化剂比 Ni 催化剂或 Co 催化剂好的主要原因。

表 2.10 C═C 键、Si—O 键和 C—O 键与 Fe$_{55}$、Ni$_{55}$及 Co$_{55}$纳米团簇吸附后的吸附能

分　子	吸附能/eV		
	Fe	Co	Ni
C═C	8.06	7.60	7.43
Si—O	3.06	2.40	2.40
C—O	3.17	1.81	2.07

表 2.11 C═C 键、Si—O 键和 C—O 键与 Fe$_{55}$、Ni$_{55}$及 Co$_{55}$纳米团簇吸附后的键长

分　子	键长/nm			
	吸附前	Fe	Co	Ni
C═C	0.131	0.134	0.133	0.134
Si—O	0.153	0.155	0.172	0.170
C—O	0.111	0.118	0.121	0.120

表 2.12 Fe$_{55}$、Ni$_{55}$及 Co$_{55}$纳米团簇吸附 C═C 键、Si—O 键和 C—O 键后
最稳定结构的电子转移量

分　子	吸附前	Fe	Co	Ni
C═C	8.00（C$_1$-4.00，C$_2$-4.00)	8.90（C$_1$-4.82，C$_2$-4.39)	8.90（C$_1$-4.65，C$_2$-4.48)	8.90（C$_1$-4.42，C$_2$-4.48)
Si—O	10.00（Si-2.70，O-7.30)	10.33（Si-2.78，O-7.31)	10.33（Si-3.20，O-7.27)	10.33（Si-3.07，O-7.25)
C—O	10.00（C-2.94，O-7.06)	10.44（C-3.27，O-7.06)	10.44（C-3.55，O-6.93)	10.44（C-3.43，O-7.01)

参 考 文 献

[1] WANG H, LIN L, YANG W, et al. Preferred orientation of SiC nanowires induced by substrates [J]. Journal of physical chemistry C, 2012, 114 (6): 2591-2594.

[2] FAN J, WU X, CHU P. Low-dimensional SiC nanostructures: Fabrication, luminescence, and electrical properties [J]. Progress in Materials Science, 2006, 51 (8): 983-1031.

[3] MÉLINON P, MASENELLI B, TOURNUS F, et al. Playing with carbon and silicon at the nanoscale [J]. Nature Materials, 2007, 6 (7): 479-490.

[4] ZEKENTES K, ROGDAKIS K. SiC nanowires: Material and devices [J]. Journal of Physics D Applied Physics, 2011, 44 (13): 133001.

[5] MABOUDIAN R, CARRARO C, SENESKY D G, et al. Advances in silicon carbide science and technology at the micro-andnanoscales [J]. Journal of Vacuum Science & Technology A Vacuum Surfaces & Films, 2013, 31 (5): 50805-50818.

[6] KUCHIBHATLA S V N T, KARAKOTI A S, BERA D, et al. One dimensional nanostructured materials [J]. Progress in Materials Science, 2007, 52 (5): 699-913.

[7] LIEBER C M. Semiconductor nanowires: A platform for nanoscience and nanotechnology [J]. MRS Bulletin, 2011, 36 (12): 1052.

[8] AN Y, FEI H, ZENG G, et al. Commercial expanded graphite as a low-cost, long-cycling life anode for potassium-ion batteries with conventional carbonate electrolyte [J]. Journal of Power Sources, 2018, 378: 66-72.

[9] ZHOU S, ZHOU Y, LING Z, et al. Modification of expanded graphite and its adsorption for hydrated salt to prepare composite PCMs [J]. Applied Thermal Engineering, 2018, 133: 446-451.

[10] WANG Q, LI Y, JIN S, et al. Catalyst-free hybridization of silicon carbide whiskers and expanded graphite by vapor deposition method [J]. Ceramics International, 2015, 41 (10): 14359-14366.

[11] ZHAO J, GUO Q, SHI J, et al. Carbon nanotube growth in the pores of expanded graphite by chemical vapor deposition. Carbon, 2009, 47: 1747-1751.

[12] WANG D, XUE C, BAI H, et al. Silicon carbide nanowires grown on graphene sheets [J]. Ceramics International, 2015, 41 (4): 5473-5477.

[13] HUANG J, ZHANG S, HUANG Z, et al. Growth of α-Si_3N_4 nanobelts via Ni-catalyzed thermal chemical vapour deposition and their violet-blue luminescent properties [J]. CrystEngcomm, 2012, 15 (4): 785-790.

[14] HUANG J, ZHANG S, HUANG Z, et al. Catalyst-assisted synthesis and growth mechanism of ultra-long single crystal α-Si_3N_4 nanobelts with strong violet-blue luminescent properties [J]. CrystEngcomm, 2012, 14 (21): 7301-7305.

[15] DING J, DENG C, YUAN W, et al. The synthesis of titanium nitride whiskers on the surface of graphite by molten salt media [J]. Ceramics International, 2013, 39 (3): 2995-3000.

[16] LI Y, WANG Q, FAN H, et al. Synthesis of silicon carbide whiskers using reactive graphite as template [J]. Ceramics International, 2014, 40 (1): 1481-1488.

[17] LI X, ZHANG G, Tronstad R, et al. Synthesis of SiC whiskers by VLS and VS process [J]. Ceramics International, 2016, 42 (5): 5668-5676.

[18] CHOI H J, LEE J G. Continuous synthesis of silicon carbide whiskers [J]. Journal of Materials

Science, 1995, 30 (8): 1982-1986.

[19] URRETAVIZCAYA G, LÓPEZ P J M. Growth of SiC whiskers by VLS process [J]. Journal of Materials Research, 1994, 9 (11): 2981-2986.

[20] LEU I C. Chemical vapor deposition of silicon carbide whiskers activated by elemental nickel [J]. Journal of the Electrochemical Society, 1999, 146 (1): 184-188.

[21] MILEWSKI J V, GAC F D, PETROVIC J J, et al. Growth of beta-silicon carbide whiskers by the VLS process [J]. Journal of Materials Science, 1985, 20 (4): 1160-1166.

[22] URRETAVIZCAYA G, LÓPEZ P J M. Growth of SiC whiskers by VLS process [J]. Journal of Materials Research, 1994, 9 (11): 2981-2986.

[23] LEU I C. Chemical vapor deposition of silicon carbide whiskers activated by elemental nickel [J]. Journal of the Electrochemical Society, 1999, 146 (1): 184-188.

[24] MILEWSKI J V, GAC F D, PETROVIC J J, et al. Growth of beta-silicon carbide whiskers by the VLS process [J]. Journal of Materials Science, 1985, 20 (4): 1160-1166.

[25] HELVEG S, LOPEZ-CARTES C, SEHESTED J, et al. Atomic-scale imaging of carbon nunofibre growth [J]. Nature, 2004, 427 (6973): 426-429.

[26] EICHLER A. CO adsorption on Ni (111)—a density functional theory study [J]. Surface Science, 2003, 526 (3): 332-340.

[27] ZHANG H, DENG X, JIAO C, et al. Preparation and catalytic activities for H_2O_2 decomposition of Rh/Au bimetallic nanoparticles [J]. Materials Research Bulletin, 2016, 79: 29-35.

[28] JOHN W, SHAM L J. Self-consistent equations including exchange and correlation effects [J]. Physical Review, 2008, 140 (4A): A1133-A1138.

[29] PARR R G. Density functional theory [J]. Chemical & Engineering News, 1983, 68 (1): 2470-2484.

[30] PERDEW J P, WANG Y. Accurate and simple analytic representation of the electron-gas correlation energy [J]. Physical Review B, 1992, 45 (23): 13244-13249.

[31] KRESSE G, FURTHMÜLLER J. Efficient iterative schemes for ab initio total-energy calculations using a plane-wave basis set [J]. Physical Review B, 1996, 54 (16): 11169-11186.

[32] KRESSE G, FURTHMÜLLER J. Efficiency of ab-initio total energy calculations for metals and semiconductors using a plane-wave basis set [J]. Computational Materials Science, 1996, 6 (1): 15-50.

[33] BLOCHL P E. Projector augmented-wave method [J]. Physical Review B, 1994, 50 (24): 17953-17979.

[34] KRESSE G, JOUBERT D. From ultrasoft pseudopotentials to the projector augmented-wave method [J]. Physical Review B, 1999, 59 (3): 1758-1775.

[35] N'DIAYE A, BLEIKAMP S, Feibelman P J, et al. Two dimensional Ir-cluster lattices on moiré of graphene with Ir (111) [J]. Physics, 2006, 97 (21): 215-501.

3 自结合 SiC 耐火材料及其
常温物理性能

非氧化物结合 SiC 耐火材料越来越受到关注[1-7]。研究表明，以力学性能优异的晶须作为结合相可以更好地提高耐火材料的性能[8-11]。Huang 等人[12]以微米钴颗粒为催化剂，在 SiC 材料中原位低温催化生成了纳米 Si_3N_4 的结合相；相比没有加入催化剂的材料，催化反应制备的耐火材料其常温和高温强度都提高了约 50%。Yang 等人[13]采用气相沉积的方法制备了 SiC 自结合材料，材料基质中生成了长约 $10\mu m$、直径 $20\sim100nm$ 的 SiC 晶须结合相，SiC 自结合材料的常温力学性能提高了 30%以上。

第 2 章的相关研究表明，以膨胀石墨和 Si 粉为原料，可合成 3C-SiC 粉体；且产物中生成了大量的 3C-SiC 晶须，晶须的生成有利于提高材料的性能。因此，本章采用第 2 章原位合成 3C-SiC 晶须的工艺制备自结合 SiC 耐火材料，即尝试在第 2 章的结果上，以过渡金属硝酸盐为催化剂前驱体，以前驱体原位分解还原生成的 Fe、Co 及 Ni 纳米颗粒为催化剂，以膨胀石墨、Si 粉和不同粒度的 SiC 颗粒为原料，在 Ar 气氛下，采用原位低温催化反应的工艺制备自结合 SiC 耐火材料。研究催化剂种类、膨胀石墨和 Si 粉的摩尔比、3C-SiC 结合相的加入量、反应温度等因素对原位自结合 SiC 耐火材料常温物理性能和力学性能的影响，并讨论耐火材料物相组成、显微组织结构与其常温物理性能之间的关系。

3.1 实　　验

3.1.1 原料及主要设备

实验所用原料及相关信息见表 3.1。所用 SiC 的 XRD 图谱如图 3.1 所示。

表 3.1　实验原料及规格

原料名称	化学式	规　格	相对分子质量	产　地
Si 粉	Si	≤$10\mu m$， 纯度不低于 99%	28	洛阳耐火材料研究院

原料名称	化 学 式	规　格	相对分子质量	产　地
膨胀石墨	C	≤30μm，纯度不低于99%	12	青岛藤盛达碳素材料有限公司
水合硝酸钴	$Co(NO_3)_2 \cdot 6H_2O$	分析纯	291.03	国药集团化学试剂有限公司
水合硝酸镍	$Ni(NO_3)_2 \cdot 6H_2O$	分析纯	290.79	国药集团化学试剂有限公司
水合硝酸铁	$Fe(NO_3)_3 \cdot 9H_2O$	分析纯	404	国药集团化学试剂有限公司
Isobam-104	$(C_8H_{10}O_3)_n$	104（工业级）	342	国药集团化学试剂有限公司
SiC 细粉	SiC	≤0.088mm，纯度不低于98%	40	洛阳耐火材料研究院
SiC 颗粒	SiC	0.088~1mm，纯度不低于98%	40	洛阳耐火材料研究院
SiC 颗粒	SiC	1~3mm，纯度不低于98%	40	洛阳耐火材料研究院
酚醛树脂		固含量约40%		洛阳耐火材料研究院

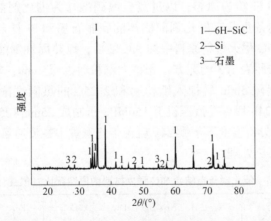

图 3.1　SiC 原料的 XRD 图谱

实验所用主要设备见表 3.2。

表 3.2　实验用设备

主要仪器设备	仪器型号	生　产　商
行星式陶瓷研磨机	XQM-4 行星快速研磨机	长沙天创粉末技术有限公司

主要仪器设备	仪器型号	生 产 商
电热鼓风干燥箱	101-2A	天津市泰斯特仪器有限公司
电子天平	JY-JSB	上海浦春计量仪器有限公司
数显游标卡尺	91511	丹纳赫工具（上海）有限公司
万用压力试验机	HPL-2000kN	合肥欧铠机械设备有限公司
箱式真空气氛炉	SXZ16-7-312	洛阳谱瑞慷达耐热测试设备有限公司
场发射扫描电子显微镜	PHILIPS XL30 TMP	荷兰 PHILIPS（飞利浦）公司
高分辨率透射电子显微镜	JEM-2100UHR STEM/EDS	日本电子
Philips X 射线衍射仪	X'pert pro 型（XRD, Cu$K_{\alpha1}$, 60KV, 60mA）	荷兰 PANalytical（帕纳科）分析仪器公司
常温抗折测试仪	DKZ-600	无锡建仪仪器机械有限公司

3.1.2　工艺流程

以膨胀石墨和 Si 粉为原料，以过渡金属硝酸盐为催化剂前驱体，按照第 2 章中的最佳方案制备负载有催化剂前驱体的膨胀石墨和 Si 复合粉体；以该复合粉体替代自结合 SiC 耐火材料原料中的 SiC 细粉，以热固性酚醛树脂为结合剂在液压机上成型。按照表 3.3 的配方，先将大颗粒料混碾 2min，加入 2% 的热固性酚醛树脂，继续混碾 5min 后加入细粉料和 2.25% 的热固性酚醛树脂，再混碾 15min，然后困料 24h 后，在液压机上 150MPa 压制成 25mm×25mm×150mm 的坯体。所得坯体在 453K 温度下干燥 24h 后置于气氛炉中在流通氩气（100mL/min）下进行不同温度的热处理。

表 3.3　催化制备自结合 SiC 耐火材料的原料配比（质量分数）　　　（%）

原料规格/试样编号	N_{15}	Ni_{15}	Fe_{15}	Co_{15}	Fe_5	Fe_{10}	Fe_{20}
SiC（1.0~3.0mm）	35.0	35.0	35.0	35.0	35.0	35.0	35.0
SiC（0.1~1.0mm）	30.0	30.0	30.0	30.0	30.0	30.0	30.0
SiC（≤0.088mm）	20.0	20.0	20.0	20.0	20.0	20.0	20.0
（膨胀石墨+Si 粉）复合粉体	15.0	15.0	15.0	15.0	5.0	10.0	20.0
Ni/（膨胀石墨+Si）复合粉体	0	3.0	0	0	0	0	0

原料规格/试样编号	N_{15}	Ni_{15}	Fe_{15}	Co_{15}	Fe_5	Fe_{10}	Fe_{20}
Fe/（膨胀石墨+Si）复合粉体	0	0	1.0	3.0	1.0	1.0	1.0
Co/（膨胀石墨+Si）复合粉体	0	0	0	3.0	0	0	0
酚醛树脂（外加）	4.25	4.25	4.25	4.25	4.25	4.25	4.25

3.1.3 常温性能表征

3.1.3.1 常温物理性能

（1）显气孔率和体积密度。试样的显气孔率和体积密度采用阿基米德排水法进行测试，参考标准为 GB/T 2997—2000；用 XQK-0 4 型显气孔体密测定仪测试试样的体积密度（B.D）和显气孔率（A.P）。

（2）烧成线变化率。根据式（3.1）计算试样的烧成线变化率。参考标准为GB/T 3001—2007。

$$L_C = (L_1 - L_0)/L_0 \times 100\% \tag{3.1}$$

式中，L_C 为试样的烧成线变化率，%；L_0 为试样烘干前的长度；L_1 为试样烧后的长度。

3.1.3.2 常温耐压强度和抗折强度

采用 WHY-600 型压力机测试了试样的耐压强度（CCS），三点抗弯法测试试样热处理后的抗折强度（MOR），计算公式如下：

$$MOR = 1.5FL/bh^2 \tag{3.2}$$

式中，F 为应力；L 为跨距，该实验中 $L = 100mm$；b 为试样的宽度；h 为试样的高度，参考标准为 GB/T 3001—2007。

3.1.3.3 断裂韧性的测量和断裂表面能的计算

单边切口梁法（SENB）通常被认为是一种研究较为成熟的测量断裂韧性（K_{IC}）的方法[13-15]。试样一侧切出 2mm×1mm 的直通切口，采用 HMOR/STARN型示差高温应力应变试验机，利用三点弯曲法测试试样的抗折强度，试验机下压头移动速率为 0.05mm/min，通过以下公式计算得到试样的断裂韧性。

$$K_{IC} = \frac{3FL_S C^{\frac{1}{2}}}{2WD^2} Y \tag{3.3}$$

$$Y = A_0 + A_1(c/D) + A_2(c/D)^2 + A_3(c/D)^3 + A_4(c/D)^4 \tag{3.4}$$

式中，c 为切口深度，2mm；Y 为与裂纹模型和加载状态及试样形状有关的无量纲几何形态因子[16-17]。

当 $Ls/D = 4$ 时，$A_0 = +1.93$，$A_1 = -3.07$，$A_2 = +14.53$，$A_3 = -25.11$，$A_4 = +25.8$。

断裂表面能 γ_f 由试样的载荷-位移曲线的积分面积除以两倍的断裂面积计算得到[18-19]，即：

$$\gamma_f = \frac{\int \sigma \mathrm{d}\varepsilon}{2A} \tag{3.5}$$

式中，γ_f 为断裂表面能；σ 为载荷；ε 为位移；A 为断裂面积。

3.2   无催化剂时的常温性能

无催化剂时，以膨胀石墨和硅粉为 3C-SiC 结合相的起始原料（加入量为 15%），不同温度反应后制备的自结合 SiC 耐火材料的 XRD 图谱如图 3.2 所示。由图 3.2（a）可知，无催化剂时，随着反应温度的升高，制备的自结合 SiC 耐火材料虽然均以 SiC（包括原料中的 6H-SiC 和原位生成的 3C-SiC）的衍射峰为主，但其中石墨的衍射峰逐渐降低，Si 的衍射峰逐渐消失。半定量物相分析结果表明（见图 3.2（b）），1473K 温度反应后，试样中残余 9% 的 Si 粉和 3% 的膨胀石墨，SiC 的含量约为 88%；1573K 温度反应后，残余的 Si 粉降低到 8%，残余的膨胀石墨降低到 2%，总 SiC 的含量约为 90%，当反应温度继续升高到 1673K 和 1773K 时，Si 粉完全消失，膨胀石墨仍然有微量的剩余，总 SiC 的含量达到 98%。

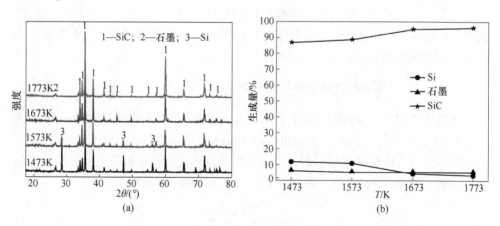

图 3.2   无催化剂时不同温度反应后制备的自结合 SiC 耐火材料的 XRD 图谱(a)
及各物相相对含量(b)

图 3.3 为 1573～1773K 反应 3h 后所得自结合 SiC 耐火材料的显微结构照片。可以看到，1573K 反应后的试样基质中没有观察到 SiC 晶须，1673K 反应后的试样中出现了少量细小的晶须，1773K 反应后的试样中晶须量进一步增多。

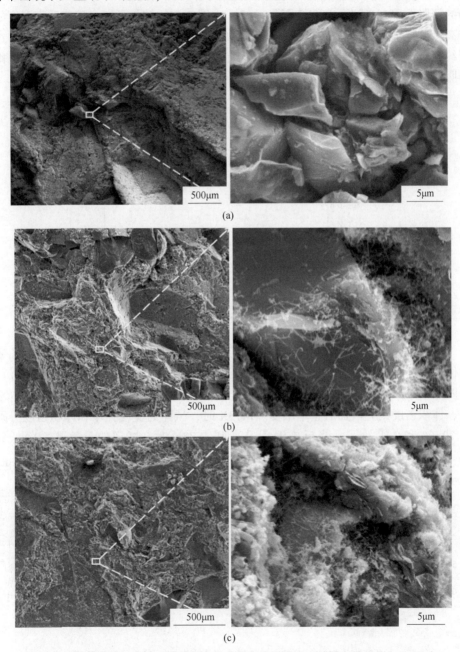

图 3.3 无催化剂加入时不同温度反应后制备的自结合 SiC 耐火材料的 SEM 照片
(a) 1573K；(b) 1673K；(c) 1773K

　　图 3.4 为无催化剂时不同温度反应后制备的自结合 SiC 耐火材料的烧后线变化率。由图可以看出，随着热处理温度的升高，试样由膨胀变为收缩，其原因是：（1）在 1473K 和 1573K 时，膨胀石墨尚没有反应完全（见图 3.3），这些剩余的膨胀石墨在高温下会继续膨胀；（2）由图 3.3 的结果可知，随着反应温度的升高，试样中原位生成的 3C-SiC 量也增加，膨胀石墨和 Si 粉反应合成 SiC 的过程约有 27% 的体积收缩。因此，随着反应温度的升高，试样的烧后线变化率也由膨胀逐渐变为收缩。

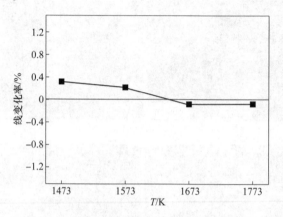

图 3.4　无催化剂时不同温度反应后制备的自结合 SiC 耐火材料的烧后线变化率

　　图 3.5 为无催化剂时不同温度反应后制备的自结合 SiC 耐火材料的显气孔率和体积密度（见图 3.5（a））及常温抗折强度和常温耐压强度（见图 3.5（b））。由图 3.5（a）中可以看出，随着温度的升高，试样的显气孔率先下降后基本不变，体积密度则先增加后基本不变。1473K 时，试样的显气孔率和体积密度分别为 22.6% 和 2.4g/cm³；当反应温度升高到 1573K 时，试样的显气孔率降低到

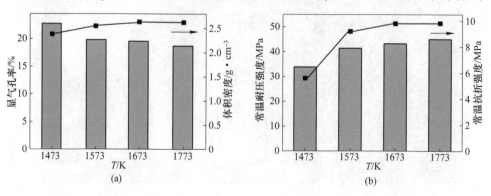

图 3.5　无催化剂时不同温度反应后自结合 SiC 耐火材料的常温物理性能
（a）显气孔率和体积密度；（b）常温抗折强度和常温耐压强度

19.3%，体积密度增加为 2.5g/cm³；继续升高反应温度到 1673K 和 1773K 时，试样的显气孔率和体积密度则基本不变。由图 3.5（b）所示的结果中可以看到，随着反应温度的升高，试样的常温抗折强度和常温耐压强度都有所升高。当反应温度由 1473K 升高至 1673K 时，试样的常温抗折强度和耐压强度分别从 5.6MPa 和 33.9MPa 增加到 9.8MPa 和 44.0MPa；继续升高反应温度到 1773K，试样的强度值变化不大。这是因为随着反应温度从 1473K 升高到 1673K，试样基质中的 Si 粉逐渐消失，自结合相 3C-SiC 的含量逐渐增多，增强了颗粒之间的结合，导致耐火材料的强度提高。

3.3 Fe 为催化剂制备 SiC 粉体

3.3.1 3C-SiC 结合相原料加入量的影响

结合相的含量和显微形貌是影响自结合 SiC 耐火材料性能的主要因素。在固定催化剂 Fe 的加入量为 1%、反应温度为 1573K 及反应时间为 3h 的条件下，研究了不同量 3C-SiC 结合相对制备的自结合耐火材料常温物理性能的影响。

图 3.6 为结合相 3C-SiC 原料（膨胀石墨和 Si 粉）的加入量为 5% ~ 20%时制备的自结合 SiC 耐火材料的 XRD 图谱及各物相相对含量。XRD 图谱（见图 3.6（a））表明，所有试样的 XRD 图谱中都只有 SiC 的衍射峰和石墨的衍射峰。半定量分析结果（见图 3.6（b））表明，1573K 反应后所得试样的主晶相都为 SiC，含量达到 99%以上；当结合相原料（膨胀石墨和 Si 粉）的含量从 5%增加到 20%时，原料中 6H-SiC（主要来源于 SiC 颗粒和细粉）的含量从 95%减少到 79%，而由膨胀石墨和 Si 粉原位生成的 3C-SiC 的含量由 5%增加到 18%；同时，试样中残留的石墨相含量从 1%上升到 3%。

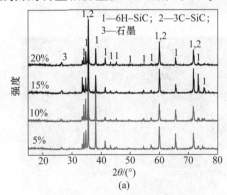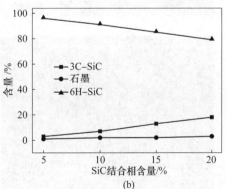

图 3.6 SiC 结合相原料含量不同时制备的自结合 SiC 耐火材料的
XRD 图谱(a)及各物相相对含量(b)

1573K、3h 反应所制备的 3C-SiC 结合相含量不同时自结合 SiC 耐火材料的显微结构如图 3.7 所示。由图中可以看出，3C-SiC 结合相原料的含量为 5% 和 20% 的试样，其基质较 10% 和 15% 的试样疏松，结构中有明显的大孔，且原位生成的 3C-SiC 晶须较稀疏、粗短。相比之下，结合相 3C-SiC 含量为 10% 和 15% 时制备的耐火材料的结构较致密，其中原位生成的 3C-SiC 晶须细长。当 3C-SiC 结合相的原料膨胀石墨和 Si 粉的加入量较少时（5%），虽然试样中可以生成 3C-SiC 结合相，但是其量不足以分布在整个基质中填充基质间的孔隙，再加上膨胀石墨和 Si 粉合成 3C-SiC 的反应本身就是体积收缩的反应，最终使得耐火材料基质中仍然存在较多气孔。当 3C-SiC 结合相原料膨胀石墨和 Si 粉的加入量为 10%～15% 时，由图 3.7（b）和图 3.7（c）可以看出，所得自结合 SiC 耐火材料的基质中生成了大量的细长的 3C-SiC 晶须，并且晶须生长于颗粒的表面，有定向生长的趋势，基质结构也变得比较致密；而当 3C-SiC 结合相的原料膨胀石墨和 Si 粉加入量过多时（20%），虽然试样中也生成了较多的 3C-SiC 结合相，但晶须变得粗短，且其中存在着较多的气孔（见图 3.7（d）），这也可归因于膨胀石墨与 Si 反应生成 3C-SiC 造成的过度体积收缩。

(a)

(b)

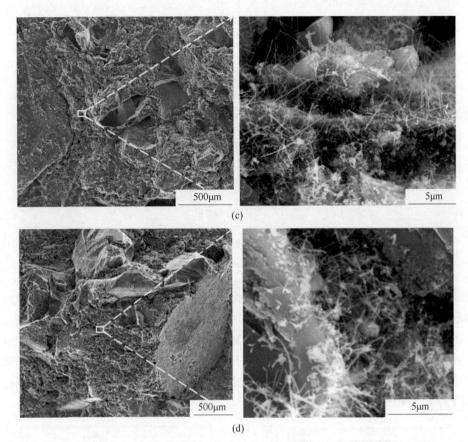

图 3.7 SiC 结合相原料(膨胀石墨和 Si 粉)含量不同时试样反应制备的
自结合 SiC 耐火材料的 SEM 图像
(a) 5%;(b) 10%;(c) 15%;(d) 20%

图 3.8 为 3C-SiC 结合相含量不同时 1573K、3h 反应所制备的自结合 SiC 耐火材料的烧后线变化率。由图可以看出,随着 3C-SiC 结合相含量的增加,试样的烧后线变化率逐渐增加,其原因可能是残余膨胀石墨的膨胀效应。由图 3.6 的结果可知,随着 3C-SiC 结合相原料含量的增加,试样中生成 3C-SiC 的量和残余膨胀石墨的量都在增加;残余膨胀石墨越多,其膨胀效应越显著。

图 3.9 为 3C-SiC 结合相原料(膨胀石墨和 Si 粉)含量不同时对 1573K、3h 反应所制备的自结合 SiC 耐火材料显气孔率、体积密度、抗折强度和耐压强度的影响。从图中可知:(1) 随着 3C-SiC 结合相含量的增加,自结合 SiC 耐火材料的显气孔率先减小后增加,相应的体积密度先增加后降低。当 3C-SiC 结合相的加入量为 15% 时,试样的显气孔率最低,体积密度最高,其值分别为 17.3% 和 2.7g/cm^3。(2) 随着 3C-SiC 结合相含量的增加,试样的抗折强度和耐压强度也

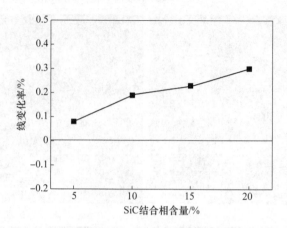

图 3.8　3C-SiC 结合相原料(膨胀石墨和 Si 粉)含量不同时反应后自结合
SiC 耐火材料的烧后线变化率

呈现先升高后减小的趋势，当 3C-SiC 结合相的加入量为 5% 时，试样的抗折强度和耐压强度分别为 13.1MPa 和 44.5MPa；当 3C-SiC 结合相的加入量为 10% 时，试样的抗折强度和耐压强度分别为 17.7MPa 和 59.8MPa；当 3C-SiC 结合相的加入量为 15% 时，试样的抗折强度和耐压强度达到最大，分别为 21.2MPa 和 79.7MPa。当 3C-SiC 结合相的加入量为 20% 时，试样的抗折强度和耐压强度则分别降为 13.0MPa 和 58.4MPa。

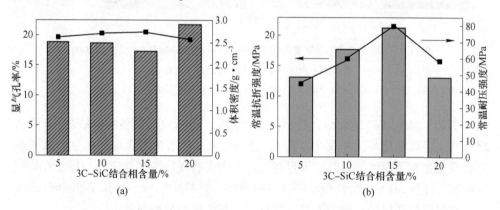

图 3.9　3C-SiC 结合相含量对自结合 SiC 耐火材料常温物理性能的影响
(a) 显气孔率和体积密度；(b) 抗折强度和耐压强度

结合相 3C-SiC 含量为 15% 时制备的试样性能最佳，其原因有如下两个方面：(1) 提高结合相 3C-SiC 的含量可以增加反应后自结合 SiC 耐火材料中原位 3C-SiC 晶须的生成量，这些原位生成的 3C-SiC 晶须包裹、缠绕在 SiC 颗粒之间，相互交错形成网络状三维结构，有效地增强了颗粒之间的结合，从而提高了自结合 SiC 耐火材料的力学性能。（2）当 3C-SiC 结合相的含量超过 15%时，不仅导致耐火材料基质中存在着较大的气孔（见图 3.7（d）），而且其原位生成的 3C-SiC 晶须变得粗短，最终使自结合 SiC 耐火材料的强度降低。

3.3.2 膨胀石墨/Si 摩尔比的影响

第 3.3.1 节的结果表明，按照膨胀石墨/Si 的摩尔比为 1∶1 的比例加入膨胀石墨和 Si 粉反应生成 3C-SiC 结合相时，Si 粉完全反应时总会剩余少量的膨胀石墨。因此，本节研究了不同膨胀石墨/Si 摩尔比对自结合 SiC 耐火材料常温物理性能的影响。

固定结合相 3C-SiC 原料的含量为 15%，加入 1%的 Fe 催化剂，改变膨胀石墨/Si 摩尔比，1573K、3h 反应所得自结合 SiC 耐火材料的 XRD 图谱及各物相相对含量如图 3.10 所示。从 XRD 图谱中可知，所有试样的主晶相均为 SiC；但即使减小膨胀石墨 Si 摩尔比为 0.8∶1，试样中仍残余少量的石墨相，所有试样中都没有 Si 的衍射峰。其原因可能是膨胀石墨中总会有少量插层处理效果不好的活性较差的石墨无法参与反应。当反应物中 Si 过量时，产物中并没有出现残余 Si 的衍射峰，说明 Si 应该是以 SiO（g）的形式损失了。

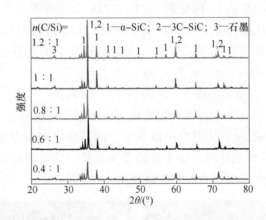

图 3.10 膨胀石墨/Si 摩尔比不同时自结合 SiC 耐火材料的 XRD 图谱

3.3.3 反应温度的影响

固定结合相 3C-SiC 原料的含量为 15%，并加入 1%的 Fe 催化剂时，不同温度反应后所制备自结合 SiC 耐火材料的 XRD 图谱如图 3.11 所示。图 3.11（a）表明，制备的自结合耐火材料的主晶相均为 SiC（包括原料中的 6H-SiC 和原位生成的 3C-SiC），随着反应温度的升高，试样中石墨的衍射峰逐渐降低，Si 的衍射峰逐渐消失。图 3.11（b）表明，1473K 温度反应后，耐火材料中残余 5%的单质硅粉和 7% 的膨胀石墨；1573K 温度反应后，试样中 Si 粉的含量为 0，残余的膨胀石墨降低到 2%；当反应温度继续升高到 1673K 和 1773K 时，物相组成没有发生显著变化。

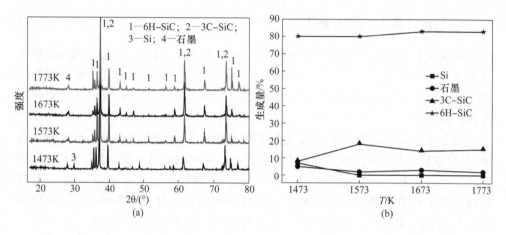

图 3.11 不同温度反应后自结合 SiC 耐火材料的 XRD 图谱 (a) 及各物相相对含量 (b)

图 3.12 为加入 1% 的 Fe 催化剂 1473~1773K 反应后所得自结合 SiC 耐火材料的显微结构照片。从图 3.12 (a) 中可以看出，1473K 反应后制备的试样的基质比较疏松，放大的显微结构照片中可以观察到未反应的膨胀石墨和生成的少量 3C-SiC 晶须；而 1573K、1673K 和 1773K 反应后的试样基质相对致密，且其中存在着大量的 3C-SiC 晶须，如图 3.12 (b)~(d) 所示。

加入 1% 的 Fe 催化剂时，不同温度反应后所制备自结合 SiC 耐火材料的烧后线变化率如图 3.13 所示。从图中可以看出，随着试样制备温度的升高，自结合 SiC 耐火材料的烧后线变化率由膨胀逐渐变为收缩。应该是较高温度烧结后的致密化作用及残余膨胀石墨含量降低的缘故。

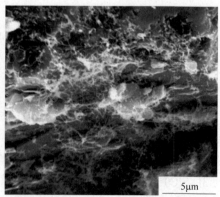

(a)

图 3.12 不同温度反应后制备的自结合 SiC 耐火材料的 SEM 照片

(a) 1473K；(b) 1573K；(c) 1673K；(d) 1773K

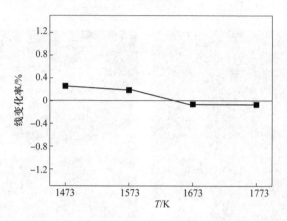

图 3.13　不同温度反应后制备的自结合 SiC 耐火材料的烧成线变化率

　　加入 1% 的 Fe 催化剂时，不同温度反应后所得自结合 SiC 耐火材料的显气孔率和体积密度，如图 3.14（a）所示，常温抗折强度和常温耐压强度，如图 3.14（b）所示。从图 3.14（a）中可以看出，随着反应温度的升高，试样的显气孔率先下降后保持不变，相应其体积密度先提高后保持不变。反应温度为 1473K 时，试样的显气孔率和体积密度分别为 21.1% 和 2.6g/cm³，升高反应温度至 1573K 时，试样的显气孔率和体积密度分别为 17.3% 和 2.7g/cm³，继续升高反应温度到 1673K 和 1773K 时，试样的显气孔率和体积密度变化不大。从图 3.14（b）中可知，随着反应温度的升高，试样的常温抗折强度和常温耐压强度都先增加后降低。当反应温度为 1473K 时，试样的常温抗折强度和常温耐压强度分别为 16.0MPa 和 57.5MPa；当反应温度升高至 1573K 时，试样的常温抗折强度和常温耐压强度达到最大，其值分别为 21.2MPa 和 79.7MPa；继续升高温度到 1673K 和 1773K 时，耐火材料的强度又降低。造成这种现象的可能原因如下：当反应温

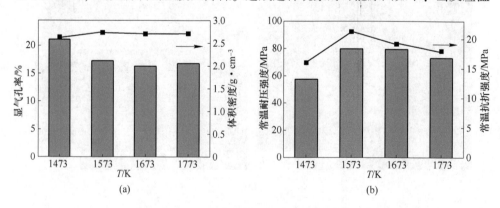

图 3.14　不同温度反应后所得自结合 SiC 耐火材料的常温物理性能
（a）显气孔率和体积密度；（b）CCS 和 MOR

度为 1473K 时，膨胀石墨和 Si 都没有反应完全，基质中生成的结合相 3C-SiC 晶须的量比较小（见图 3.11 和图 3.12（a））。而当反应温度为 1573K 时，试样中生成了大量的细长 3C-SiC 晶须，这些晶须相互交叉形成网络状结构，提高了耐火材料的力学性能；当反应温度升高为 1673K 和 1773K 时，试样中残余的膨胀石墨可能发生过大膨胀而导致了耐火材料性能的下降。以上实验结果说明，当反应温度为 1573K 时，制备的试样的常温抗折强度和常温耐压强度最大，其原因应该是此时生成的 3C-SiC 晶须长度最大，直径较小，且试样中残余石墨的膨胀适中。

3.4 Ni 和 Co 为催化剂制备 SiC 粉体耐火材料

本节研究了以 Ni 和 Co 纳米颗粒为催化剂时制备的自结合 SiC 耐火材料及其常温物理性能和显微结构，结果如图 3.15~图 3.22 所示。

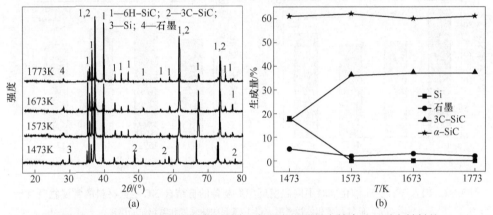

图 3.15 加入 3% 的 Ni 催化剂时不同温度反应后所得自结合 SiC 耐火材料的
XRD 图谱(a)及各物相相对含量(b)

图 3.16 加入 3% 的 Ni 催化剂时 1573K 温度反应后所得自结合 SiC 耐火材料的 SEM 照片

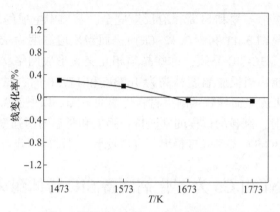

图 3.17　加入 3% 的 Ni 催化剂时 1473~1773K 温度反应后制备的自结合
SiC 耐火材料的烧后线变化率

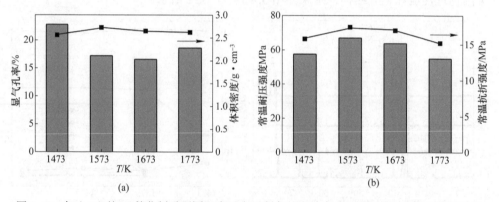

图 3.18　加入 3% 的 Ni 催化剂时不同温度反应后制备的自结合 SiC 耐火材料的常温物理性能
(a) 显气孔率和体积密度；(b) 常温耐压强度和常温抗折强度

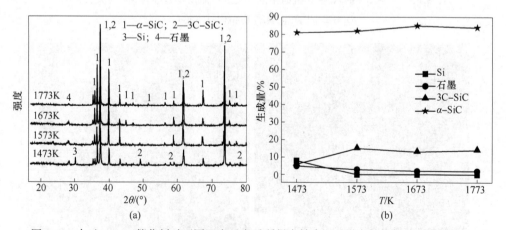

图 3.19　加入 3%Co 催化剂时不同温度反应后所得自结合 SiC 耐火材料的 XRD 图谱(a)
及各物相相对含量(b)

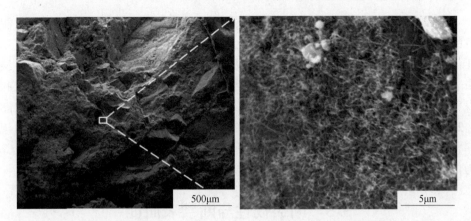

图 3.20　加入 3% 的 Co 催化剂时 1573K 温度反应后所得自结合 SiC 耐火材料的 SEM 照片

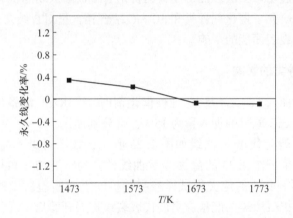

图 3.21　加入 3%Co 催化剂时不同温度反应后所得自结合 SiC 耐火材料的永久线变化率

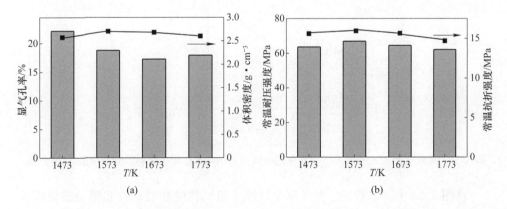

图 3.22　加入 3%Co 催化剂时不同温度反应后所得自结合 SiC 耐火材料的常温物理性能

（a）显气孔率和体积密度；（b）CCS 和 MOR

图 3.15 和图 3.19 的 XRD 结果表明，分别加入 3%的 Ni 或者 Co 催化剂时制备的自结合 SiC 耐火材料的物相组成变化与加入 1%的 Fe 为催化剂时的规律基本相似；1573K 温度反应后，试样中的 Si 完全反应。图 3.16 和图 3.20 的 SEM 结果表明，加入 Ni 和 Co 作催化剂时，自结合 SiC 耐火材料试样中生成晶须的量和发育状况都没有以 Fe 作催化剂时的效果好。烧后线变化率（见图 3.17 和图 3.21）和常温性能（见图 3.18 和图 3.22）的变化规律也和 Fe 作催化剂时的规律相似。总体上，以 Fe 为催化剂时制备的耐火材料试样的性能稍优于 Ni 和 Co 为催化剂时的性能。

3.5 断裂韧性与断裂表面能

本节采用单边切口梁法表征了制备的自结合 SiC 耐火材料的常温断裂韧性和断裂表面能，并研究了催化剂种类和 3C-SiC 结合相含量对自结合 SiC 耐火材料常温断裂韧性和断裂表面能的影响。

3.5.1 催化剂种类的影响

无催化剂和加入 Fe、Co 及 Ni 三种催化剂时 1573K/3h 制备的自结合 SiC 耐火材料（结合相 SiC 原料的加入量为 15%，且分别加入 1%Fe、3%Ni 或 3%Co 催化剂）的典型断裂荷载-位移曲线如图 3.23 所示，如图可见其荷载-位移曲线基本呈线性关系。根据图 3.23 的荷载-位移曲线计算的断裂韧性和断裂表面能如图 3.24 所示。断裂表面能的定义为试样经裂纹扩展直至断裂所做的功，即裂纹在试样整个断裂面扩展所需的能量，更能代表裂纹扩展开始后试样的抗剥落性。

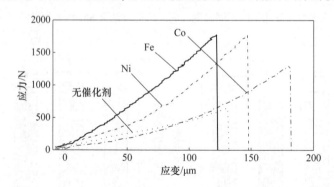

图 3.23 无催化剂加入和加入三种催化剂时所得自结合 SiC 耐火材料的断裂荷载-位移曲线

从图 3.24 中可以看出，加入催化剂的 3 组试样的断裂韧性和断裂表面能分别是无催化剂时制备的试样的 2 倍和 3 倍以上；以 Fe 和 Ni 为催化剂时制备的试样的断裂韧性和断裂表面能稍高于 Co 为催化剂时的试样。

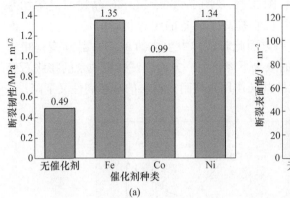
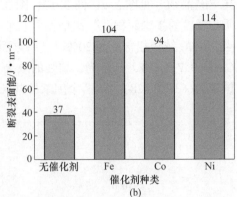

图 3.24 无催化剂加入和加入三种催化剂时自结合 SiC 耐火材料的
断裂韧性(a)和断裂表面能(b)

自结合 SiC 材料力学性能的提高与其显微结构相关。关于引入晶须提高材料断裂韧性的文献报道[20-23]有很多,翟洪祥等人[20]研究了 SiC 晶须和 β-Sialon 细长晶粒原位增强 Si_3N_4 基复合材料的断裂过程。观察和分析表明:晶须在材料中有二级增韧的效果,其发生本质是裂纹尖端后方桥接晶须和细长晶粒与基体之间界面的后续解离。王启宝等人[24]认为粗糙多节的 SiC 晶须可以增加其与基体材料的接触面及增强摩擦效应,提高了"桥联"强度。由材料的显微结构图片(见图 3.7、图 3.12、图 3.16 及图 3.20)可知,加入催化剂时制备的试样中 3C-SiC 晶须的生成量明显多于无催化剂时的试样;另一方面,加入催化剂 Fe 和 Ni 时试样中生成 3C-SiC 晶须的量较加入 Co 时生成的 SiC 晶须的量多,这应该是加入催化剂时自结合 SiC 耐火材料断裂韧性得以提高的主要原因,也是 Fe 和 Ni 为催化剂时耐火材料试样断裂韧性比以 Co 为催化剂时高的主要原因。

3.5.2 3C-SiC 结合相原料加入量的影响

3C-SiC 结合相含量为 5%、10%、15% 和 20% 时所得自结合 SiC 耐火材料(加入 1%催化剂 Fe 时,1573K 反应 3h)的典型断裂荷载-位移曲线如图 3.25 所示,结果表明试样的荷载-位移曲线也基本符合线性关系的特点。根据图 3.25 的荷载-位移曲线计算的断裂韧性和断裂表面能随 3C-SiC 结合相含量的增加而变化的曲线如图 3.26 所示。由图可见,随着 3C-SiC 结合相含量的增加,自结合 SiC 耐火材料的断裂韧性和断裂表面能分别从加入量为 5%时的 $0.9MPa \cdot m^{1/2}$ 和 $29J/m^2$ 增加到加入量为 15%时的 $1.4MPa \cdot m^{1/2}$ 和 $104J/m^2$,而当加入量增加为 20%时,所得自结合 SiC 耐火材料的断裂韧性和断裂表面能又降低到 $0.8MPa \cdot m^{1/2}$ 和 $52J/m^2$。原因是更多的 3C-SiC 结合相含量有利于在耐火材料中生成更多的

3C-SiC晶须（见图3.7、图3.12、图3.16及图3.20），3C-SiC晶须通过增加基质与颗粒的接触面积、二次增韧等机制提高了制备的耐火材料的韧性[21-23]。而当3C-SiC结合相含量为20%时，一方面此时试样中生成的3C-SiC晶须变得粗短（见图3.7（d）），其增韧、增强的效果下降；另一方面，试样中残余的膨胀石墨量变大（见图3.8），这两个因素的共同作用致使耐火材料的断裂韧性又下降。

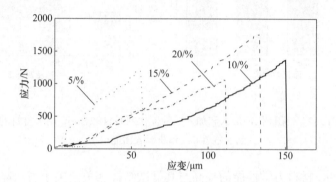

图3.25　Fe为催化剂时3C-SiC结合相含量不同所得自结合SiC耐火材料断裂荷载-位移曲线

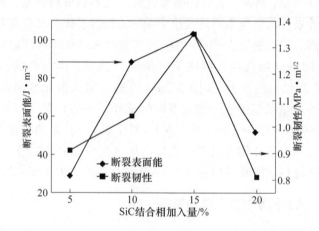

图3.26　Fe为催化剂时3C-SiC结合相含量不同自结合SiC耐火材料断裂韧性和断裂表面

　　本章分别以Fe、Co及Ni为催化剂，采用低温催化反应的方法制备了自结合SiC耐火材料，研究了催化剂种类、催化剂加入量、膨胀石墨/Si摩尔比及3C-SiC结合相含量对自结合SiC耐火材料常温物理性能的影响。结果表明，加入催化剂后，制备自结合SiC耐火材料的温度为1573K，该温度比无催化剂时降低了约100K。显微结构照片表明，加入催化剂更利于原位生成的3C-SiC晶须在耐火材料试样的基质中形成交叉网络状的结构；以Fe为催化剂时，1573K、3h反应所制备的自结合SiC耐火材料试样的性能最佳，其常温抗折强度、耐压强度、断裂韧性和断裂表面能均最高，是相同条件下无催化剂时制备的试样的 2 倍以上。Fe 催化剂的效果优于 Ni 及 Co 催化剂；随着 3C-SiC 结合相含量的增加，自结合 SiC 耐火材料的致密度、强度和断裂韧性先增加后减小，其最佳量约为 15%；催化剂的加入在降低自结合 SiC 耐火材料反应温度的同时，也有利于基质中 3C-SiC 晶须的原位生成。原位生成的 3C-SiC 晶须提高了自结合 SiC 耐火材料的常温力学性能。

参 考 文 献

[1] STEVENS R. Temperature dependence of fracture effects in self-bonded SiC [J]. Journal of Materials Science, 1971, 6 (4): 324-331.

[2] HONG W, DONG S, HU P, et al. In situ growth of one-dimensional nanowires on porous PDC-SiC/Si$_3$N$_4$ ceramics with excellent microwave absorption properties [J]. Ceramics International, 2017, 43 (16): 14301-14308.

[3] YAO X, TAN S, HUANG Z, et al. Growth mechanism of β-SiC nanowires in SiC reticulated porous ceramics [J]. Ceramics International, 2007, 33 (6): 901-904.

[4] PAN J, CHENG X, YAN X, et al. In situ synthesis and growth mechanism of SiC nanowires in SiCO porous ceramics [J]. Journal of Inorganic Materials, 2013, 28 (5): 474-478.

[5] YOON B H, PARK C S, KIM H E, et al. In situ synthesis of porous silicon carbide (SiC) ceramics decorated with SiC nanowires [J]. Journal of the American Ceramic Society, 2007, 90 (12): 3759-3766.

[6] GARNIER V, FANTOZZI G, NGUYEN D, et al. Influence of SiC whisker morphology and nature of SiC/Al$_2$O$_3$ interface on thermomechanical properties of SiC reinforced Al$_2$O$_3$ composites [J]. Journal of the European Ceramic Society, 2005, 25 (15): 3485-3493.

[7] LIU Q, YE F, HOU Z, et al. A new approach for the net-shape fabrication of porous Si$_3$N$_4$ bonded SiC ceramics with high strength [J]. Journal of the European Ceramic Society, 2013, 33 (13/14): 2421-2427.

[8] 翟洪祥，袁泉，黄勇，等. SiC 晶须及原位增强 Si$_3$N$_4$ 基复合材料的断裂过程 [J]. 硅酸盐学报，1998，26 (5): 571-577.

[9] CHEN M, QIU H, JIAO J, et al. Preparation of high performance SiC$_f$/SiC composites through PIP process [J]. Key Engineering Materials, 2013, 544: 43-47.

[10] ANDO K, CHU M C, TSUJI K, et al. Crack healing behaviour and high-temperature strength of mullite/SiC composite ceramics [J]. Journal of the European Ceramic Society, 2002, 22 (8): 1313-1319.

[11] 赵锴，于新民，罗发，等. SiC/SiC 复合材料的制备及力学性能研究 [J]. 陕西科技大学学报，2007，25 (3): 39-42.

[12] HUANG J, HUANG Z, ZHANG S, et al. Si$_3$N$_4$-SiCp composites reinforced by in situ co-catalyzed generated Si$_3$N$_4$ nanofibers [J]. Journal of Nanomaterials, 2014, 2014 (10): 2.

[13] YANG W, ARAKI H, HU Q, et al. In situ growth of SiC nanowires on RS-SiC substrate (s)

[J]. Journal of Crystal Growth, 2004, 264 (1/3): 278-283.

[14] 王家梁, 马德军, 董芮寒, 等. 三种测试陶瓷材料断裂韧性的国际标准方法比较 [J]. 计量技术, 2015, (12): 3-7.

[15] 王继辉, 舒庆琏, 邓京兰. 结构陶瓷断裂韧性测试方法的研究 [J]. 武汉理工大学学报, 1997, 7 (2): 83-87.

[16] KIM H, WAGONER M P, BUTTLAR W G. Micromechanical fracture modeling of asphalt concrete using a single-edge notched beam test [J]. Materials & Structures, 2009, 42 (5): 677-682.

[17] NOSE T, FUJII T. Evaluation of fracture toughness for ceramic materials by a single-edge-precracked-beam method [J]. Journal of the American Ceramic Society, 1988, 71 (5): 328-333.

[18] 关振铎, 杜新民. 陶瓷材料断裂韧性 K_{IC} 测试方法的对比及其影响因素的分析 [J]. 硅酸盐学报, 1982, 10 (3): 24-33.

[19] 王锋会, 路民旭. 陶瓷的断裂韧性与缺口半径 [J]. 无机材料学报, 1997, 12 (1): 121-124.

[20] 翟洪祥, 袁泉, 黄勇, 等. SiC 晶须及原位增强 Si_3N_4 基复合材料的断裂过程 [J]. 硅酸盐学报, 1998, 26 (5): 571-577.

[21] XI N. Application and synthesis of inorganic whisker materials [J]. Progress in Chemistry, 2003, 15 (4): 264-274.

[22] YASUTOMI Y, KITA H, NAKAMURA K, et al. Development of high-strength Si_3N_4 reaction-bonded SiC ceramics [J]. Journal of the Ceramic Society of Japan, 2010, 96 (1115): 783-788.

[23] UDAYAKUMAR A, BHUVANA R, KALYANASUNDARAM S, et al. Vapour phase preparation and characterisation of SiC_f-SiC and C_f-SiC ceramic matrix composites [J]. Key Engineering Materials, 2009, 395: 209-232.

[24] 王启宝, 韩敏芳, 郭梦熊. 多节状 SiC 晶须的特性及其增强 Si_3N_4 陶瓷复合材料的性能研究 [J]. 稀有金属材料与工程, 2005, 34 (z1): 352-354.

4　自结合 SiC 耐火材料的高温性能

合理、准确地评价耐火材料在高温使用状态下的性能，对真实、全面反映材料特性，指导其制备工艺，预测其使用寿命有着重要意义，同时也为耐火材料在使用过程中的可靠性提供了依据和保证[1-2]。

Kovalčíková 等人[3]的研究表明，自结合 SiC 耐火材料的导热性、抗氧化性及抗碱侵蚀性要优于 Si_3N_4 结合 SiC 耐火材料。董建存等人[4]的研究表明，不同结合相对 SiC 耐火材料抗冰晶石的侵蚀能力依次为：SiC 自结合 > Si_3N_4 结合 > $Si_2N_2O_2$ > Sialon 结合。Luo 等人[5]以 Al_2O_3 为添加剂，采用反应烧结法制备了 Si_3N_4 结合 SiC 耐火材料，研究结果表明，材料的抗氧化性随着 Al_2O_3 含量的增加而增加。

本章研究了催化剂种类对自结合 SiC 耐火材料高温力学性能、抗氧化性能、抗热震性能和抗冰晶石侵蚀性能的影响，分析了其物相组成与显微结构，讨论了催化剂种类及结合相 3C-SiC 含量对制备的自结合 SiC 耐火材料高温性能的影响。

4.1　高温力学性能

4.1.1　检测方法

高温力学性能的主要检测方法如下。

（1）自结合 SiC 耐火材料不同温度下高温抗折强度的检测。采用 HMOR-03AP 型高温强度试验机测定原位自结合 SiC 耐火材料在不同温度下的抗折强度，试验条件为埋炭还原性气氛，实验温度为 1073K/0.5h、1273K/0.5h、1473K/0.5h 和 1673K/0.5h，测试跨距 $L = 100mm$，参考标准为 GB/T 3002—2004。

（2）自结合 SiC 耐火材料不同温度下的应力-位移曲线及弹性模量的检测。通过三点弯曲测试法，采用 HMOR/STARN 型示差高温应力-位移试验机测量试样的应力-位移曲线。分别在 298K、873K、1073K、1273K、1473K 和 1673K 对耐火材料试样施加 50N-1000N-50N 或 50N-500N-50N 的循环载荷，试验机下压头的移动速率为 0.05mm/min，跨距 $L = 100mm$，试验条件为埋炭还原性气氛，根据实验记录的应力-位移曲线分析原位自结合 SiC 耐火材料试样在不同温度下应力-位移的变化规律，并根据式（4.1）计算试样在不同温度的弹性模量。

$$E = \frac{L_s^3 m}{4WD^3} \tag{4.1}$$

式中，L_s 为两下支点之间的跨距，长度为 100mm；W 为试样的宽度，mm；D 为试样的高度，mm；m 为应力-位移曲线的斜率。

4.1.2 无催化剂制备自结合 SiC 耐火材料

图 4.1 所示为无催化剂时 1573K、3h 反应所制备的自结合 SiC 耐火材料的高温抗折强度。与图 3.5 对比可见，自结合 SiC 耐火材料的高温抗折强度均高于其常温抗折强度；并且随着测试温度的升高，呈现先增加后降低的趋势，当测试温度为 1273K 时，其高温抗折强度达到最大，约为 17.2MPa，是常温抗折强度（9.7MPa）的 1.8 倍。无催化剂时，试样在 1573K 温度下烧成后，其中会残留较多未反应的 Si 与少量的膨胀石墨（见图 4.1），由于 Si 粉、膨胀石墨和 SiC 不同的热膨胀系数（分别约为 $2.5 \times 10^{-6} K^{-1}$、$1.0 \times 10^{-6} K^{-1}$ 和 $4.7 \times 10^{-6} K^{-1}$），在试样烧成后的降温过程中会产生残余热应力，并导致微裂纹的产生。在高温抗折强度的测试过程中，高温下材料内部的残余热应力得以释放，微裂纹愈合，因此强度随着测试温度的升高呈现增加的趋势；而当测试温度高于 1273K 时，试样内部不同组分之间的不同膨胀量又会产生新的内应力和微裂纹，从而使得其强度又降低。

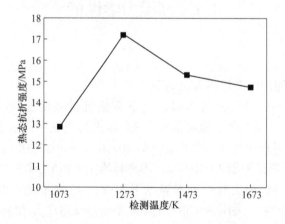

图 4.1 无催化剂加入时自结合 SiC 耐火材料的抗折强度随温度的变化

图 4.2 为无催化剂时，1573K、3h 反应所制备的自结合 SiC 耐火材料在不同温度承受 50N-500N-50N 循环抗弯应力作用时的应力-位移曲线及形变率。由图中可以看出，当测试温度低于 873K 时，试样加荷过程的应力-位移曲线和卸载过程

的应力-位移曲线几乎重合，说明此时发生的是弹性形变。当测试温度高于 873K 时，试样加荷和卸载过程的应力-位移曲线偏移随测试温度的增加而增加，说明耐火材料在高温下开始塑性形变（见图 4.2（a））。图 4.2（b）表明，当测试温度低于 1473K 时，试样的形变率最大只有 0.07%；而当测试温度升高为 1473K 和 1673K 时，试样的应变率增加为 0.12% 和 0.18%，说明试样的结构在此温度下已经开始被破坏。

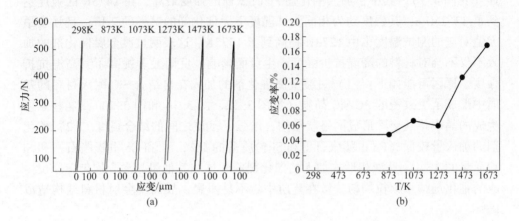

图 4.2　无催化剂加入时自结合 SiC 耐火材料不同温度的应力-位移曲线及形变率

根据不同温度下试样的应力-位移数据，依据式（4.1）计算出试样在不同温度下的弹性模量，结果如图 4.3 所示。从图中可知，随着温度的升高，试样的弹性模量先增加后降低，并与试样高温抗折强度的变化趋势相同，符合耐火材料力学性能中 I 类材料的特征[6-9]，最大值为 59.1GPa（1273K）。

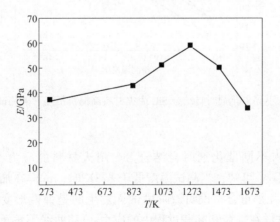

图 4.3　无催化剂时自结合 SiC 耐火材料的弹性模量随温度的变化

4.1.3 催化剂种类的影响

图 4.4 为分别加入 Fe、Co 和 Ni 催化剂时自结合 SiC 耐火材料（1573K、3h 反应制备）的抗折强度随测试温度的变化。由图可见，材料的高温抗折强度都随着测试温度的升高呈现先升高后降低的趋势，并都在 1473K 时达到最大；加入催化剂的试样的高温抗折强度在所有测试温度下都高于无催化剂的试样（见图 4.1）。其中，加入催化剂 Fe 时试样的强度最高，在 1473K 的强度达到了 32.2MPa；其强度约为相同测试温度下无催化剂的试样的 2 倍，且强度最大值对应的测试温度也由 1273K 提高到了 1473K。这表明过渡金属催化剂的加入不仅不会对材料的高温抗折强度产生负面影响，反而显著提高了其高温抗折强度。原因可能如下：（1）过渡金属催化剂的加入在自结合 SiC 耐火材料的基质中形成了更致密的 3C-SiC 晶须（见图 3.12、图 3.16 和图 3.20），这些原位生成的晶须相互交叉形成网络状结构，增强了基质之间的结合强度。（2）催化剂的加入量较低（Fe 占膨胀石墨和 Si 粉质量的 1%，Ni 和 Co 占膨胀石墨和 Si 粉质量的 3%），且液相形式加入的催化剂前驱体和其他组分混合均匀，原位生成的催化剂纳米颗粒均匀分散在基质中，不易团聚，故而不会对材料结构造成破坏。

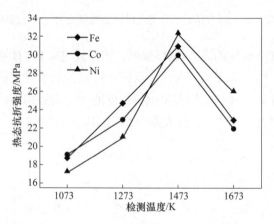

图 4.4 加入不同催化剂时自结合 SiC 耐火材料高温抗折强度随测试温度的变化

图 4.5 为加入不同催化剂时自结合 SiC 耐火材料的应力-位移曲线（50N-1000N-50N）。从图中可知，当测试温度低于 873K 时，试样在加荷和卸载过程中的应力-位移曲线几乎重合，说明该阶段试样发生的是弹性形变，而当测试温度高于 873K 时，试样在加荷和卸载过程中的应力-位移曲线不再重合，说明应力卸载后产生了一定量的永久形变，随着温度的升高，形变量增加。

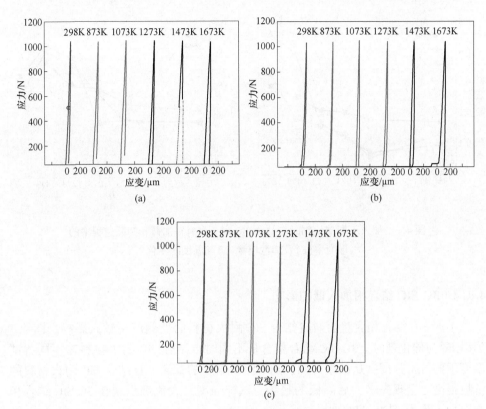

图 4.5　加入不同催化剂时自结合 SiC 耐火材料的应力-位移曲线

（a）Fe；（b）Ni；（c）Co

图 4.6 为加入不同催化剂时，1573K/3h 反应所得自结合 SiC 耐火材料试样在不同温度承受 50N-1000N-50N 循环抗弯应力作用后的形变率及弹性模量随温度的变化曲线。图 4.6（a）的计算结果表明，随着测试温度的升高，加入不同种类催化剂时试样的形变率都逐渐增大，1673K 时的最大值分别为 0.29%（Fe）、0.33%（Ni）和 0.46%（Co）。从图 4.6（b）可知，加入催化剂后，试样的弹性模量也呈现先增加后降低的趋势，属于耐火材料力学性能的 I 类材料，且弹性模量的最大值都出现在 1473K，其值分别为 85.9GPa、81.9GPa 和 74.1GPa，与抗折强度最大值对应的温度一致。同时，与图 4.3 无催化剂时试样的弹性模量对比可以看出，加入催化剂后试样的弹性模量显著提高，其中以 Fe 和 Ni 为催化剂时试样的弹性模量是无催化剂加入时试样的 1.5 倍左右，且高于以 Co 为催化剂时的试样。其原因可能是：无催化剂时，1573K、3h 反应后的试样中几乎没有晶须生成（见图 3.3（a））；另外，以 Co 为催化剂时（见图 3.20）试样中 3C-SiC 晶须的生成量少于以 Fe（见图 3.12（b））和 Ni（见图 3.16）为催化剂时试样中晶须的生成量，故其结合效果不如以 Fe 或者 Ni 为催化剂时。

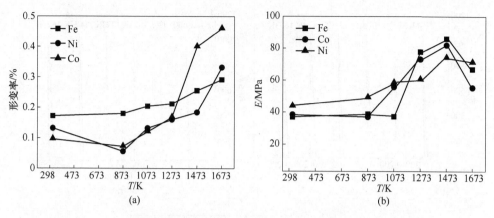

图 4.6　加入不同催化剂时自结合 SiC 耐火材料在加荷和卸载过程中的
形变率(a)及弹性模量(b)随温度的变化

4.1.4　3C-SiC 结合相加入量的影响

不同 SiC 结合相含量会对自结合 SiC 耐火材料的性能产生较大影响。图 4.7
为以 Fe 为催化剂时，3C-SiC 结合相含量不同时自结合 SiC 耐火材料在不同测试
温度下的抗折强度。从图中可知，随着测试温度的升高，自结合 SiC 耐火材料的
抗折强度也呈现先增大后降低的趋势，试样强度最大值都出现在 3C-SiC 结合相
原料加入量为 10%~15% 时。

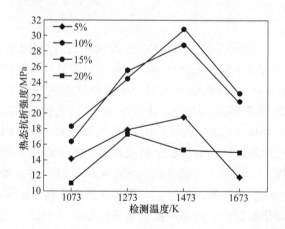

图 4.7　3C-SiC 结合相含量不同时自结合 SiC 耐火材料的抗折强度随测试温度的变化

图 4.8 为 SiC 结合相含量不同时自结合 SiC 耐火材料在不同温度下施加 50N-
1000N-50N 的循环应力作用下的应力-位移曲线。从图中可知，随着测试温度的
升高，试样的形变量都逐渐增加。

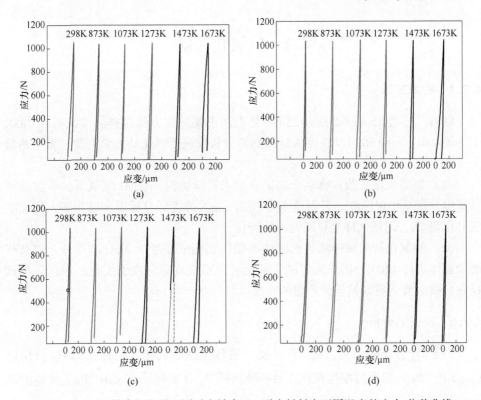

图 4.8 3C-SiC 结合相含量不同时自结合 SiC 耐火材料在不同温度的应力-位移曲线

(a) 5%；(b) 10%；(c) 15%；(d) 20%

从图 4.9 中可知，试样的弹性模量随温度的变化先升高后降低，符合耐火材料力学性能 I 类材料的特征。3C-SiC 结合相含量不同时，其弹性模量最大值分别为：77.8GPa（5%，1073K）、82.8GPa（10%，1473K）、85.9GPa（15%，1473K）和 75.6GPa（20%，1273K）。

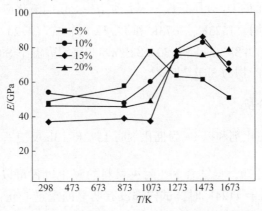

图 4.9 3C-SiC 结合相加入量不同时自结合 SiC 耐火材料的弹性模量随温度的变化

4.2 抗氧化性能

4.2.1 检测方法

制备尺寸为 25mm×25mm×25mm 且表面平整的立方体试样，清洗后在 383K 下干燥 24h。采用 RZ-12-17 型大试样热重分析仪进行氧化动力学实验，天平感量为 0.01g。

（1）恒温氧化实验。将烘干的试样放入实验炉内，在 Ar 气氛下，将实验炉从室温升温至恒定温度，升温速率为 10K/min。待达到目标温度后再通入压缩空气并保温 2h，记录试样重量随时间的变化。

（2）将氧化后的试样从表面到中心依次切割成厚度为 2mm 的薄片，将其研磨成粉体进行 XRD 分析，确定试样氧化后物相组成随深度的变化；氧化后的试样在扫描电镜下观察其显微形貌的特征。

4.2.2 热力学分析

由于 O_2 分压的不同，SiC 可以发生两种类型的氧化，一种是高 O_2 分压时（$p_{O_2}>10^{-4}Pa$）发生的惰性氧化，另一种是低 O_2 分压时（$p_{O_2}<10^{-4}Pa$）发生的活性氧化[10-13]，反应方程分别为：

$$SiC(s) + 3/2O_2(g) = SiO_2(s) + CO(g) \tag{4.2}$$

$$\Delta_r G^{\ominus}_{(4.2)}(kJ/mol) = 0.0805T - 947.49$$

$$SiC(s) + O_2(g) = SiO(g) + CO(g) \tag{4.3}$$

$$\Delta_r G^{\ominus}_{(4.3)}(kJ/mol) = 0.182T - 140.08$$

由于实验条件下氧气的来源是空气，氧分压约为 $2.13×10^4Pa$[14]，远大于 SiC 惰性氧化需满足的 O_2 分压条件，因此本节中 SiC 的氧化应为惰性氧化。

热力学计算表明，1573K、1673K 和 1773K 时，式（4.2）的 $\Delta_r G^{\ominus}_{6.1}$ 分别为：-820.9kJ/mol、-812.8kJ/mol 和-804.8kJ/mol。表明高温下 SiC 的氧化反应是自发的，其主要氧化产物为 SiO_2[15-16]。

4.2.3 热重曲线分析

图 4.10 为无催化剂和以 Fe 为催化剂时 1573K、3h 反应所得自结合 SiC 耐火材料的热重曲线。

从图 4.10 中可知，自结合 SiC 耐火材料的氧化过程可以被分为 3 个阶段：（1）当氧化温度低于 1124K 时，试样都没有明显的重量变化，表明这个阶段没有氧化发生。（2）当氧化温度升高到 1124~1473K 时，2 个试样中都可以看到明

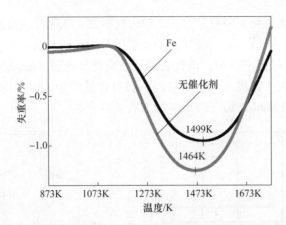

图4.10 氧化温度为823~1773K时自结合SiC耐火材料的热重曲线

显的重量损失，这部分重量损失的原因是残留膨胀石墨氧化为气体溢出。（3）当氧化温度高于1464K时，试样出现了明显的连续增重，可归因于SiC的保护性氧化。所以，试样快速增重的阶段在1523K以上。

4.2.4 物相与显微结构

加入催化剂Fe时自结合SiC耐火材料在1773K温度下氧化120min后的试样由表面到中心每隔2mm取样，并磨细进行XRD表征，其结果如图4.11所示。由图4.11（a）可以看到，自结合SiC耐火材料在1773K氧化120min后，试样的物相组成为SiC、方石英和微量的石墨。从试样表面到中心，SiC氧化产物方石英的衍射峰逐渐减弱；半定量分析结果（见图4.11（b））表明试样表面处的方石英相含量约为28%，向中心方向方石英相的含量依次降低，在距离试样表面6mm处就几乎检测不到方石英相的衍射峰。

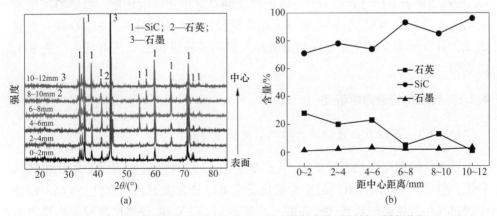

图4.11 以Fe为催化剂时自结合SiC耐火材料氧化后试样不同部位的
XRD图谱(a)和物相组成的半定量分析(b)

　　同理分析了无催化剂时自结合 SiC 耐火材料在 1773K 氧化 120min 后的情况，试样由表面到中心每隔 2mm 取样的 XRD 图谱及物相相对含量的半定量分析结果如图 4.12 所示。从图中可知，试样表面到距离试样表面 8mm 处都有很强的方石英相的衍射峰出现（见图 4.12（a）），其相对含量约为 30%（见图 4.12（b）），即使在距离表面 12mm 处仍有约 10%的方石英相存在。

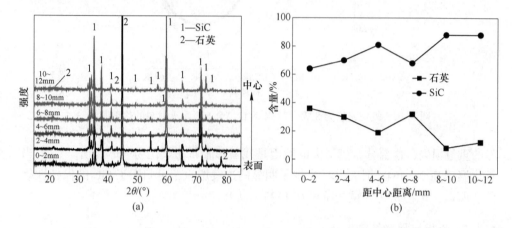

图 4.12　无催化剂加入时自结合 SiC 耐火材料氧化后试样不同部位的
XRD 图谱(a)和物相组成的半定量分析(b)

　　对比加入催化剂 Fe 和无催化剂时自结合 SiC 耐火材料在 1773K 氧化 120min 后不同位置的 XRD 结果，可知催化剂 Fe 的加入提高了耐火材料试样的抗氧化性能。

　　图 4.13（a）为加入 Fe 催化剂时制备的自结合 SiC 耐火材料在 1773K 温度下氧化 120min 后的显微形貌，与试样未氧化前的显微结构（见图 3.12）相比，SiC 颗粒之间的晶须已观察不到，取而代之的是连成片状的物质。能谱扫描结果表明（见图 4.13（b）），颗粒中 O 元素含量较低，基质部分是由 Si、O 和 C 元素组成，且 O 元素含量明显比颗粒部分高，说明基质应该主要是由氧化产物 SiO₂ 组成的。

4.2.5　等温氧化动力学研究

4.2.5.1　等温氧化过程动力学模型及机理分析

　　根据气固相反应动力学原理[17]及 Wagner 等人[18-21]对 Si 及 SiC 氧化机理的分析，自结合 SiC 耐火材料的惰性氧化反应可以分为以下几个阶段：（1）O₂ 分子通过气相边界层扩散到试样表面（外扩散）；（2）O₂ 通过试样层向边界界面扩散（内扩散）；（3）在反应界面发生氧化反应（界面化学反应），包括吸附、

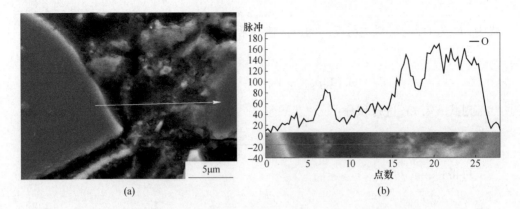

图 4.13 加入催化剂 Fe 时制备的自结合 SiC 耐火材料氧化后的显微形貌(a)和
图 4.13(a)中白色直线所指处 O 元素的能谱线扫描结果(b)

化学反应、脱附三个环节；(4) 气体反应产物的内扩散；(5) 气体反应产物的外扩散。氧化反应的前期，由于反应层很薄，因而整个氧化反应速度受界面化学反应控制；氧化反应后期，产物层加厚，O_2 通过产物层的扩散路径变长，阻力增大，氧化反应的速度受扩散控制；而中间阶段则为界面化学反应和扩散混合控速阶段。

设试样的原始厚度为 L，表面积为 A_0（视为常数），SiC 颗粒的密度为 ρ_{SiC}，基质部分的密度为 ρ_m，氧化产物 SiO_2 的密度为 ρ_{SiO_2}，试样被氧化的厚度为 x，则试样的氧化速度计算公式如下：

$$v = \frac{dA_0 x(k_1\rho_{SiC} + k_2\rho_m)}{dt} = A_0(V_1\rho_{SiC} + V_2\rho_m)\frac{dx}{dt} \tag{4.4}$$

式中，V_1 为试样中 SiC 颗粒的体积分数；V_2 为试样中基质的体积分数。氧化过程中单位面积的增重 $\Delta W/A_0$ 为：

$$\frac{\Delta W}{A_0} = \frac{W - W_0}{A_0} = \frac{xA_0(V_3\rho_{SiO_2}) - xA_0(V_1\rho_{SiC} + V_2\rho_m)}{A_0}$$

所以

$$x = \frac{1}{V_3\rho_{SiO_2} - V_1\rho_{SiC} - V_2\rho_m} \cdot \frac{\Delta W}{A_0} \tag{4.5}$$

式中，V_3 为试样氧化层中 SiO_2 的体积分数。

A 氧化前期

试样表面直接与空气中的 O_2 接触，随着温度的升高，SiC 与其表面吸附的 O_2 发生化学反应，此时材料的总氧化速度与化学反应速度 v_c 是相等的，即 $v = v_c$，又因为：

$$v_c = A_0 k'_c c \tag{4.6}$$

式中，k'_c 为 O_2 与材料进行反应的反应速率常数；c 为试样表面 O_2 的浓度。

所以：

$$A_0(V_1 \rho_{SiC} + V_2 \rho_m) \cdot \frac{dx}{dt} = A_0 k'_c c \tag{4.7}$$

对式（4.7）进行积分：

$$\int_0^x dx = \int_0^t \frac{k'_c}{V_1 \rho_{SiC} + V_2 \rho_m} c dt$$

可得：

$$x = \frac{k'_c \cdot c}{V_1 \rho_{SiC} + V_2 \rho_m} t \tag{4.8}$$

联立式（4.8）和式（4.5）可求得：

$$\frac{\Delta W}{A_0} = \frac{k'_c c [V_3 \rho_{SiO_2} - (V_1 \rho_{SiC} + V_2 \rho_m)]}{V_1 \rho_{SiC} + V_2 \rho_m} t \tag{4.9}$$

令

$$k_i = \frac{k'_c \cdot c [V_3 \rho_{SiO_2} - (V_1 \rho_{SiC} + V_2 \rho_m)]}{V_1 \rho_{SiC} + V_2 \rho_m}$$

则有：

$$\frac{\Delta W}{A_0} = k_i t \tag{4.10}$$

式（4.10）表明，氧化前期单位面积氧化增重和时间呈线性关系。

B 氧化中期

当试样表面形成一层氧化产物薄膜后，O_2 通过产物层向反应界面扩散，扩散开始影响氧化过程，同时由于氧化膜不完整，或由于范德华力的作用而形成多分子吸附，故化学反应也不可忽略。此时材料的氧化速度由化学反应速度和扩散速度共同控制，即：

$$v = \frac{A_0 c}{\dfrac{1}{k'_c} + \dfrac{x}{D}} \tag{4.11}$$

式中，D 为 O_2 在氧化膜中的扩散系数。

联立式（4.11）和式（4.4），得：

$$A_0(V_1 \rho_{SiC} + V_2 \rho_m) \frac{dx}{dt} = \frac{A_0 c}{\dfrac{1}{k'_c} + \dfrac{x}{D}} \tag{4.12}$$

对式（4.12）两边积分，可得

$$\int_0^x \left(\frac{1}{k'_c} + \frac{x}{D} \right) dx = \int_0^t \frac{c}{V_1 \rho_{SiC} + V_2 \rho_m} dt$$

即

$$\frac{1}{k'_c}x + \frac{1}{2D}x^2 = \frac{c}{V_1\rho_{SiC} + V_2\rho_m}t$$

整理后得:

$$k'_c x^2 + 2Dx = \frac{2k'_c Dc}{V_1\rho_{SiC} + V_2\rho_m}t \tag{4.13}$$

将式 (4.5) 代入式 (4.13), 可得:

$$k'_c\left(\frac{1}{V_3\rho_{SiO_2} - V_1\rho_{SiC} - V_2\rho_m} \cdot \frac{\Delta W}{A_0}\right)^2 + 2D\left(\frac{1}{V_3\rho_{SiO_2} - V_1\rho_{SiC} - V_2\rho_m} \cdot \frac{\Delta W}{A_0}\right)$$

$$= \frac{2k'_c Dc}{V_1\rho_{SiC} + V_2\rho_m} \cdot t$$

整理得:

$$\left(\frac{\Delta W}{A_0}\right)^2 + \frac{2D[V_3\rho_{SiO_2} - V_1\rho_{SiC} - V_2\rho_m]}{k'_c} \cdot \frac{\Delta W}{A_0}$$

$$= \frac{2Dc(V_3\rho_{SiO_2} - V_1\rho_{SiC} - V_2\rho_m)^2}{V_1\rho_{SiC} + V_2\rho_m}t \tag{4.14}$$

可令

$$B = \frac{2D[(V_3\rho_{SiO_2} - V_1\rho_{SiC} - V_2\rho_m)]}{k'_c},$$

$$k_m = \frac{2Dc(V_3\rho_{SiO_2} - V_1\rho_{SiC} - V_2\rho_m)^2}{V_1\rho_{SiC} + V_2\rho_m}$$

则有:

$$\left(\frac{\Delta W}{A_0}\right)^2 + B\frac{\Delta W}{A_0} = k_m t \tag{4.15}$$

由式 (4.15) 可以看出, 氧化中期单位面积增重与 t 呈二次曲线关系。

C 氧化后期

当氧化反应进行到一定时间后, 氧化膜便有了相当的厚度, 氧气通过氧化膜的扩散路径变长, 阻力增大, 此时扩散便成为整个氧化反应的限制性环节。整个氧化反应的速度 v 便由扩散速度 D 来表示, 即:

$$v = A_0 c \frac{D}{x} \tag{4.16}$$

联立式 (4.16) 和式 (4.4), 可得:

$$A_0(V_1\rho_{SiC} + V_2\rho_m)\frac{dx}{dt} = A_0c\frac{D}{x} \tag{4.17}$$

对式（4.17）积分，即：

$$\int_0^x x\,dx = \int_0^t \frac{cD}{V_1\rho_{SiC} + V_2\rho_m}dt$$

整理后得：

$$\frac{1}{2}x^2 = \frac{cD}{V_1\rho_{SiC} + V_2\rho_m}t \tag{4.18}$$

联立式（4.18）和式（4.5）可得：

$$\left(\frac{\Delta W}{A_0}\right)^2 = \frac{2(V_3\rho_{SiO_2} - V_1\rho_{SiC} - V_2\rho_m)^2 cD}{V_1\rho_{SiC} + V_2\rho_m}t \tag{4.19}$$

令

$$k_f = \frac{2(V_3\rho_{SiO_2} - V_1\rho_{SiC} - V_2\rho_m)^2 cD}{V_1\rho_{SiC} + V_2\rho_m} \cdot t$$

则：

$$\left(\frac{\Delta W}{A_0}\right)^2 = k_f \cdot t \tag{4.20}$$

可见，氧化后期的氧化曲线符合抛物线规律。

4.2.5.2 加入催化剂 Fe 后自结合 SiC 耐火材料的恒温氧化动力学研究

从图 4.10 的氧化热重曲线可以看到经 1573K、3h 反应所制备的自结合 SiC 耐火材料（1%催化剂 Fe，3C-SiC 结合相含量为 15%）在 1473K 以上增重明显，氧化剧烈，因此，选择 1573K、1673K 和 1773K 三个温度分别做自结合 SiC 耐火材料的恒温氧化增重实验，保温时间为 120min，其恒温氧化曲线如图 4.14 所示。

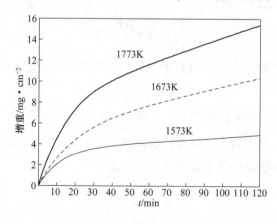

图 4.14 加入催化剂 Fe 反应后所得自结合 SiC 耐火材料不同温度下恒温氧化曲线

对图 4.14 进行线性回归分析，可以看到试样的氧化动力学过程可以分为前期、中期和后期三个阶段，各阶段自结合 SiC 耐火材料氧化增重与时间的线性拟合曲线如图 4.15~图 4.17 所示。

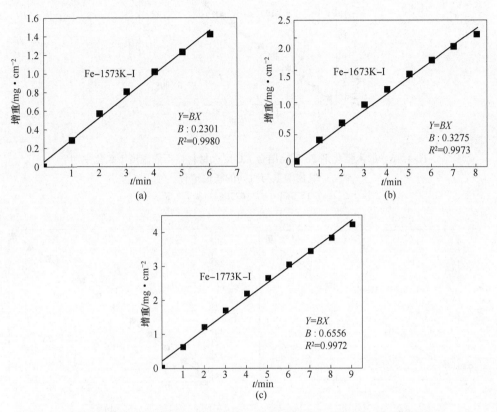

图 4.15　加入催化剂 Fe 后自结合 SiC 耐火材料在不同温度下氧化前期
氧化增重与时间的线性拟合
（a）1573K；（b）1673K；（c）1773K

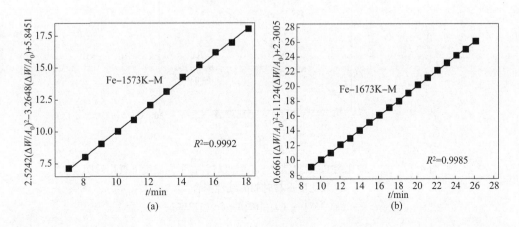

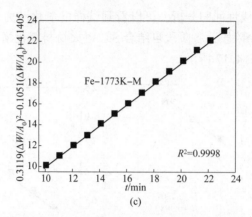

(c)

图 4.16 加入催化剂 Fe 后自结合 SiC 耐火材料在不同温度下氧化中期
氧化增重与时间的线性拟合

（a）1573K；（b）1673K；（c）1773K

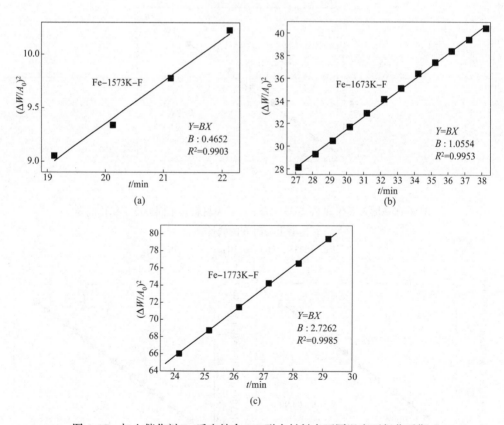

图 4.17 加入催化剂 Fe 后自结合 SiC 耐火材料在不同温度下氧化后期
氧化增重与时间的线性拟合

（a）1573K；（b）1673K；（c）1773K

由式（4.10）、式（4.15）和式（4.20）可知，图4.15~4.17中直线斜率即不同温度下氧化各阶段的氧化速率常数 k_i、k_m 和 k_f（见表4.1）。由表4.1可见，采用三段式模型对自结合 SiC 耐火材料的氧化过程进行处理可以得到较好的线性关系，说明自结合 SiC 耐火材料的氧化过程符合该模型。

表 4.1 加入催化剂 Fe 后自结合 SiC 耐火材料不同温度下氧化时各期的速率常数及相关系数

温度/K	反应阶段	速率常数 k /mg · cm^{-2} · min^{-1}	相关系数
1573		0.2301	0.9980
1673	前期	0.3275	0.9973
1773		0.6656	0.9972
1573		0.3965	0.9993
1673	中期	1.5013	0.9985
1773		3.2062	0.9999
1573		0.4652	0.9592
1673	后期	1.2554	0.9953
1773		2.7262	0.9985

根据 Arrhenius 方程[22-23]：

$$\ln k = \ln A - \frac{E}{RT} \tag{4.21}$$

以 $\ln k$ 对 $1/T$ 作图，如图4.18所示，并进行线性拟合，根据斜率和截距可求得该段氧化反应表观活化能 E 及频率因子 A（见表4.2）。

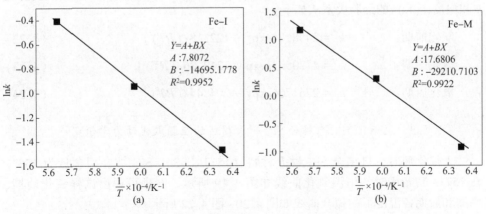

$Y=A+BX$
A :7.8072
B : -14695.1778
R^2=0.9952

$Y=A+BX$
A :17.6806
B : -29210.7103
R^2=0.9922

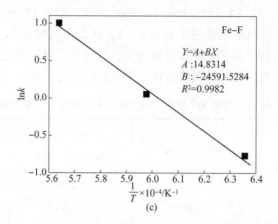

图 4.18　加入催化剂 Fe 后自结合 SiC 耐火材料氧化不同时期的氧化动力学曲线

(a) 前期；(b) 中期；(c) 后期

表 4.2　加入催化剂 Fe 后自结合 SiC 耐火材料的氧化反应表观活化能、
频率因子及相关系数

阶段	$A/\mathrm{mg \cdot cm^{-2} \cdot min^{-1}}$	$E/\mathrm{kJ \cdot mol^{-1}}$	R
前期	2458.24	122.18	0.9952
中期	47705631	242.86	0.9922
后期	2761764	204.47	0.9882

根据试样在不同阶段的表观活化能及频率因子，可以得出各期氧化速率常数 k 和温度 $T(\mathrm{K})$ 的经验关系式如下：

氧化前期：　　　　$k_i = 2458.24\exp[-122.18/(RT)]$ 　　　　(4.22)

氧化中期：　　　　$k_m = 47705631\exp[-242.86/(RT)]$ 　　　　(4.23)

氧化后期：　　　　$k_f = 2761764\exp[-204.47/(RT)]$ 　　　　(4.24)

4.2.5.3　无催化剂时自结合 SiC 耐火材料的恒温氧化动力学研究

无催化剂时，自结合 SiC 耐火材料（1573K、3h，SiC 结合相含量为 15%）在 1573~1773K 时的恒温氧化曲线如图 4.19 所示。同理可得出试样氧化前期、中期和后期各温度下的拟合曲线如图 4.20~图 4.22 所示。

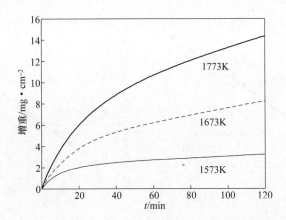

图 4.19 无催化剂时自结合 SiC 耐火材料在不同温度下的恒温氧化曲线

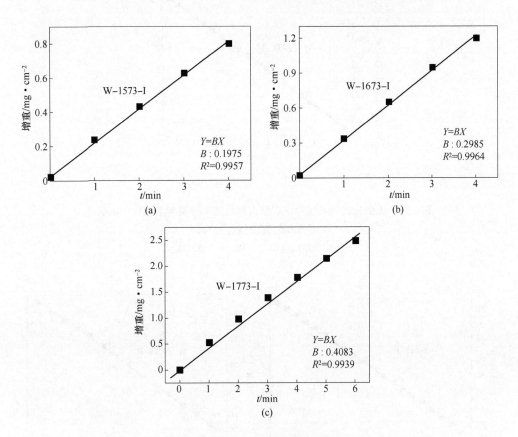

图 4.20 无催化剂时自结合 SiC 耐火材料在不同温度下氧化前期氧化
增重与时间的线性拟合

（a）1573K；（b）1673K；（c）1773K

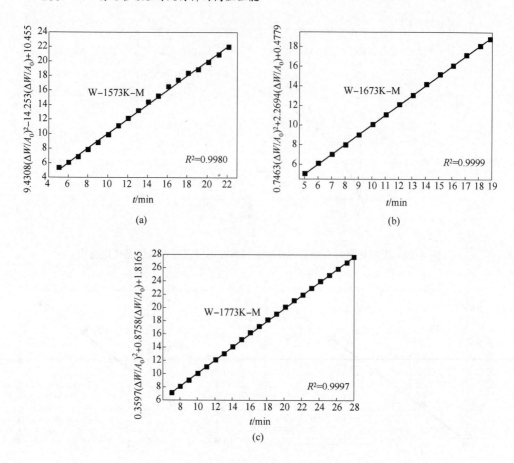

图 4.21 无催化剂时自结合 SiC 耐火材料在不同温度下氧化中期氧化
增重与时间的线性拟合

(a) 1573K；(b) 1673K；(c) 1773K

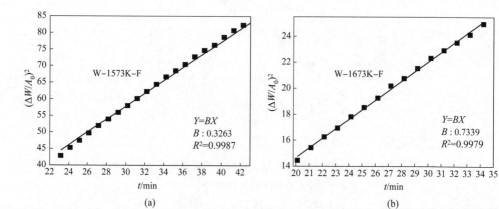

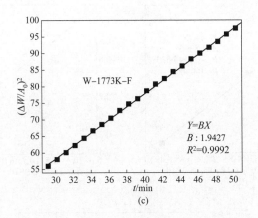

图 4.22 无催化剂时自结合 SiC 耐火材料在不同温度下氧化后期氧化
增重与时间的线性拟合

（a）1573K；（b）1673K；（c）1773K

同理可计算得到无催化剂时自结合 SiC 耐火材料氧化各时期的速率常数及相关系数（见表 4.3）。

表 4.3 无催化剂时自结合 SiC 耐火材料不同温度下氧化各期的速率常数及相关系数

温度/K	反应阶段	速率常数 k /mg·cm^{-2}·min^{-1}	相关系数
1573		0.1975	0.9957
1673	前期	0.2985	0.9964
1773		0.4083	0.9939
1573		0.7591	0.9980
1673	中期	1.3399	0.9999
1773		2.7801	0.9997
1573		0.3263	0.9987
1673	后期	0.7339	0.9979
1773		1.9427	0.9992

根据 Arrhenius 方程，以 $\ln k$ 对 $1/T$ 作图，如图 4.23 所示，可求得氧化各阶段的氧化反应表观活化能 E 及频率因子 A（见表 4.4）。

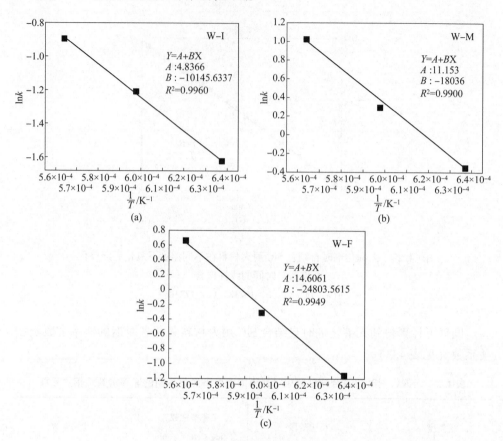

图 4.23 无催化剂时自结合 SiC 耐火材料氧化不同时期的动力学曲线

(a) 前期；(b) 中期；(c) 后期

表 4.4 无催化剂时自结合 SiC 耐火材料的氧化反应表观活化能、频率因子及相关系数

阶段	$A/\mathrm{mg} \cdot \mathrm{cm}^{-2} \cdot \mathrm{min}^{-1}$	$E/\mathrm{kJ} \cdot \mathrm{mol}^{-1}$	R
前期	126.04	84.35	0.9960
中期	69772	149.96	0.9979
后期	2204475.13	206.23	0.9949

根据表 4.3 和表 4.4 的数据，可以得出各阶段氧化速率常数 k 和温度 $T(\mathrm{K})$ 的经验关系式如下：

氧化前期：$\qquad k_i = 126.04\exp[-84.35/(RT)]$ （4.25）

氧化中期：$\qquad k_m = 69772\exp[-149.96/(RT)]$ （4.26）

氧化后期：$\qquad k_f = 2204475.13\exp[-206.23/(RT)]$ （4.27）

对比表4.2和表4.4中的氧化活化能数据可知,加入催化剂提高了自结合SiC耐火材料在氧化前期和中期的氧化反应表观活化能;而在氧化后期,加入催化剂与否对自结合SiC耐火材料的氧化反应表观活化能影响不大。这可能是由于加入催化剂促进了自结合SiC耐火材料基质中Si粉与膨胀石墨向3C-SiC晶须的转化,晶须状3C-SiC(见图3.12(b)和(c))的抗氧化能力优于Si粉及膨胀石墨,使得加入催化剂时自结合SiC耐火材料在氧化前期和中期相比无催化剂时的试样具有更高的氧化反应表观活化能。而在氧化后期,由于SiC的氧化产物SiO_2在耐火材料表面形成了保护膜,氧化以扩散控速为主,使得加入催化剂和不加入催化剂的自结合SiC耐火材料的氧化反应表观活化能几乎没有差异。

4.3　抗热震性能

耐火材料的抗热震性能取决于材料本身的热学性能和力学性能,如热膨胀性能、热导率、热扩散系数、弹性模量、断裂韧性、强度和试样尺寸等[7,24],是耐火材料极其重要的高温服役性能之一。

4.3.1　测试方法

以试样一次急热急冷循环后的强度保持率来表征试样的热震稳定性。实验过程如下:将热处理后的长条试样(25mm×25mm×140mm)埋于填满炭粒的匣钵中,然后快速放入不同目标温度的电炉内,当炉温恢复到目标温度后开始保温20min,保温结束后将匣钵整体投入到流动的室温水中冷却30min,待试样干燥后检测其抗折强度,通过计算其抗折强度保持率来评价试样的热震稳定性,计算公式如下:

$$A = (A_1 - A_0)/A_0 \times 100\% \tag{4.28}$$

式中,A为试样的残余抗折强度保持率,%;A_0为试样热震前的常温抗折强度;A_1为试样分别经受973K/20min、1173K/20min、1373K/20min和1473K/20min急热—急冷(水冷30min)一次循环后的常温抗折强度,参考标准为GB/T 30873—2014。

4.3.2　无催化剂时试样的抗热震性能

图4.24为无催化剂时制备的自结合SiC耐火材料(1573K、3h,3C-SiC结合相含量为15%)在不同温度下水冷一次后的残余抗折强度和残余强度保持率。

测试结果表明,随着热震温差的升高,试样的残余抗折强度降低;当热震温差高于875K时,试样的残余强度急剧降低。耐火材料试样在热震温差为675K和875K时的残余抗折强度为9.1MPa和8.4MPa,与热震前试样的抗折强度相比,只有微量的下降,但当热震温差为1075K和1275K时试样的抗折强度分别

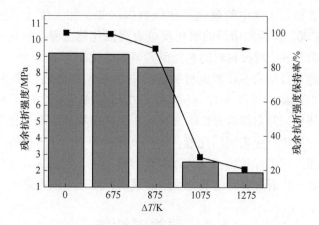

图 4.24   无催化剂时自结合 SiC 耐火材料在不同温度下的残余抗折强度
和残余强度保持率

下降为 2.6MPa 和 1.9MPa，对应的残余强度保持率也从 90% 以上下降到 20% 左右。其原因可能是此时试样中残余的 Si 与 SiC 的热膨胀系数差别较大（分别为 $2.5×10^{-6}K^{-1}$ 和 $4.7×10^{-6}K^{-1}$），当热震温差较大时，耐火材料内产生较大的热应力且无法及时释放，导致材料结构的急剧破坏，因而试样的残余抗折强度和残余强度保持率都急剧下降。

4.3.3   不同催化剂时试样的抗热震性能

图 4.25 为加入 Fe、Co 和 Ni 催化剂时制备的自结合 SiC 耐火材料（1573K、3h，3C-SiC 结合相含量为 15%，Fe 加入量为 1%，Co 和 Ni 加入量为 3%）的残余抗折强度和残余强度保持率。从图 4.25（a）中可知，随着热震温差的增加，

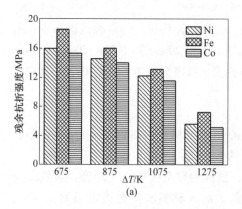

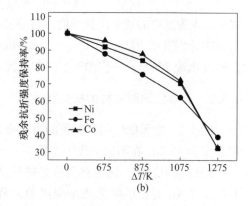

图 4.25   加入不同催化剂时制备的自结合 SiC 耐火材料在不同热震温差时的
残余抗折强度(a)和残余强度保持率(b)

其残余抗折强度下降，但下降趋势较无催化剂加入时所制备试样缓慢；相同热震温差下加入催化剂 Fe 时制备的试样的残余抗折强度均最大。从图 4.25（b）可以看出，随着热震温差的升高，加入催化剂时制备的试样残余抗折强度保持率的下降也较无催化剂加入时缓慢，加入 3 种催化剂的试样残余强度保持率差别不明显；即使热震温差为 1275K，试样的残余强度保持率仍为 30%左右，高于无催化剂的试样残余强度保持率。

在热震的过程中，由于热应力的集中，试样中会产生不同程度的裂纹。无催化剂和加入不同催化剂时制备的自结合 SiC 耐火材料在 1373K 温度下热震试验后的显微结构如图 4.26 所示。从图中可知，无催化剂加入时热震后耐火材料试样中产生了大量的微裂纹，并且部分裂纹以穿晶断裂的形式贯穿整个 SiC 颗粒，在一些颗粒边缘甚至产生了环形的裂纹（见图 4.26（a）中曲线），说明热震过程对试样的结构破坏较为严重。而加入催化剂 Ni 和 Fe 时（见图 4.26（b）和（c））时制备的自结合 SiC 耐火材料试样在热震后只在一些小颗粒上发现了少量的

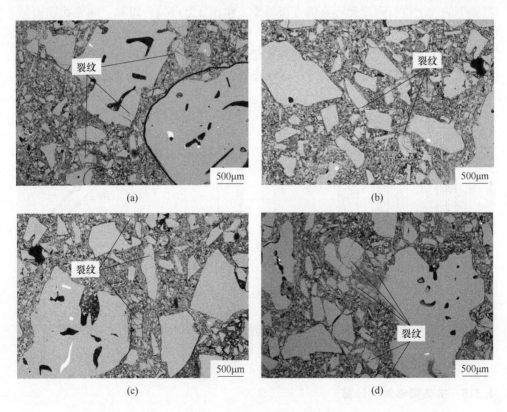

图 4.26　无催化剂和加入不同种类催化剂时制备的自结合 SiC 耐火材料在热震温差
为 1075K 时热震试验后的显微结构照片
(a) 无催化剂；(b) Ni；(c) Fe；(d) Co

微裂纹，说明热震过程对试样的结构破坏较轻。加入催化剂 Co 时（见图 4.26 (d)）制备的自结合 SiC 耐火材料试样热震后产生的裂纹虽然相比加入催化剂 Fe 和 Ni 时更密集，但也比无催化剂时试样的要少。

　　以上结果说明加入催化剂明显地减缓了自结合 SiC 耐火材料由于热震引起的结构破坏和强度下降，其原因应该是加入催化剂时自结合 SiC 耐火材料的基质中存在着大量原位生成的 3C-SiC 晶须，这些晶须呈三维网络状包裹在 SiC 颗粒周围，起到结合相和填充孔隙的作用。当温度升高导致热应力集中而产生微裂纹时，微裂纹在扩展的路径中遇到晶须会发生偏转或桥联，晶须起到了阻止裂纹扩展、吸收内应力的作用，弱化了热震过程对耐火材料结构的破坏，提高了其残余抗折强度和残余强度保持率[25-27]。

4.3.4　3C-SiC 结合相加入量不同

　　图 4.27 所示为 SiC 结合相含量不同时制备的自结合 SiC 耐火材料在不同热震温差下的残余抗折强度和残余强度保持率。由图 4.27 (a) 可知，随着热震温差的升高，各组试样的残余抗折强度都呈下降的趋势，相同热震温差时，SiC 结合相的含量为 15% 时试样的残余抗折强度最大。由图 4.27 (b) 可见，各组试样的残余强度保持率随热震温差的升高逐渐降低，3C-SiC 结合相的含量不同时，其残余强度保持率相差不大。

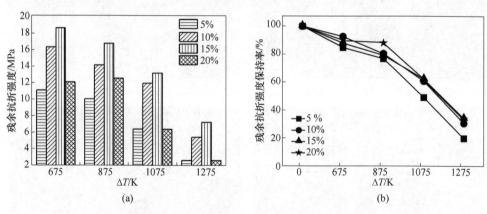

图 4.27　3C-SiC 结合相加入量不同时自结合 SiC 耐火材料在不同温度的
残余抗折强度(a)和残余抗折强度保持率(b)

4.3.5　抗热震参数的计算

　　对耐火材料的抗热震性能进行评价的参数很多，主要有以热弹性理论为基础的抗热震参数 R 及以热损伤理论为理论基础的抗热震参数 R''' 和 R'''' [28-29]。其计算公式分别如下：

$$R = \Delta T_{\max} = \frac{\sigma_f (1 - \mu)}{\alpha E} \tag{4.29}$$

式中，σ_f 为断裂强度；ΔT 为使材料开始破坏的最大温差；μ 为泊松比；α 为热膨胀系数；E 为弹性模量。

$$R''' = \frac{E}{\sigma_f^2 (1 - \mu)} \tag{4.30}$$

$$R'''' = \frac{2\gamma_f E}{\sigma_f^2 (1 - \mu)} \tag{4.31}$$

式中，γ_f 为断裂表面能，J/m^2。

但是由于两种理论的基础和判定依据不同，实践中往往导致相反的结论而对材料的抗热震性能做出误判[30-31]。因此，Hasselam 等人[24,32-33]从断裂力学的角度出发，将上述两种理论统一，定义了抗热震参数 R_{st} 和临界裂纹长度 L_C 作为衡量材料抗热震性能的标准，其表达式分别如下：

$$R_{st} = \left(\frac{\gamma_f}{\alpha^2 E} \right)^{\frac{1}{2}} \tag{4.32}$$

式中，γ_f 可以通过试样的载荷-位移曲线的积分面积除以两倍的断裂面积计算得到，即：

$$\gamma_f = \frac{\int \sigma d\varepsilon}{2A} \tag{4.33}$$

式中，σ 为载荷；ε 为位移；A 为断裂面积。

$$L_C = \left(\frac{K_{IC}}{\sigma_f \sqrt{\pi}} \right)^2 \tag{4.34}$$

根据第 3 章和第 4 章的实验结果计算了自结合 SiC 耐火材料的抗热震参数 R、R'''、R''''、R_{st} 及 L_C，结果见表 4.5。从表中可知，表示自结合 SiC 材料断裂温差的抗热震参数 R 显示加入催化剂时试样的断裂温差要高于无催化剂时，与实验结果较符合；而以热损伤理论为基础的抗热震因子 R''' 和 R'''' 的计算结果表明，加入催化剂时试样的抗热震参数都低于无催化剂时，与实验结果完全不符合；而抗热震参数 R_{st} 和临界裂纹长度 L_C 的结果都显示加入催化剂时试样的抗热震参数和临界裂纹长度高于无催化剂加入时，与实验结果相符。因此，可以认为实验条件下抗热震参数 R、R_{st} 及临界裂纹长度 L_C 基本可以反映自结合 SiC 耐火材料抗热震性能的好坏。

表 4.5 1573K/3h 所制备自结合 SiC 耐火材料的机械性能和抗热震因子

工艺参数与性能指标	N_{15}	Fe_{15}	Co_{15}	Ni_{15}	Fe_5	Fe_{10}	Fe_{20}
催化剂加入量/%	0	1	3	3	1	1	1
3C-SiC 结合相含量/%	15	15	15	15	5	10	20
断裂强度 σ_f/MPa	9.20	21.22	16.11	17.40	13.10	17.66	13.04
断裂韧性 K_{IC}/MPa·$m^{1/2}$	0.49	1.35	0.99	1.34	0.91	1.04	0.81
断裂表面能 γ_f/J·m^{-2}	37	104	94	114	29	89	52
弹性模量 E/GPa	5.68	5.63	5.86	6.67	7.29	8.26	7.06
常温泊松比 μ	0.188	0.182	0.182	0.181	0.183	0.182	0.181
R/K	41.8	101.4	73.6	69.9	48.3	57.0	48.3
R'''/MPa^{-1}	0.54	0.10	0.18	0.18	0.34	0.21	0.33
R''''/μm	40.1	18.8	37.7	40.2	19.8	37.8	34.5
R_{st}/K·$m^{1/2}$	6.6	10.9	11.2	10.9	5.32	8.7	7.0
临界裂纹长度 L_C/mm	0.9	1.3	1.2	1.9	1.5	1.0	1.2

注：N_{15}、Fe_{15}、Co_{15}、Ni_{15}、Fe_5、Fe_{10} 及 Fe_{20} 所代表含义见表 2.6。

4.4 抗冰晶石侵蚀及渗透性能

4.4.1 测试方法

采用静态坩埚法测试制备的自结合 SiC 耐火材料的抗冰晶石侵蚀性能。坩埚试样的外径及高度为 φ50mm×50mm，内径及高度为 φ25mm×30mm。取 12g 冰晶石置于坩埚试样中并加盖，而后置于电炉中在埋碳还原性气氛下加热至 1373K 保温 6h。将侵蚀后的试样沿高度轴线方向切开，采用 SEM 及能谱仪（EDS）对试样的渗透和侵蚀情况进行显微结构表征。同时将试样沿侵蚀方向切成厚度为 2mm 的薄片，将其研磨成粉体，采用 XRD 分析侵蚀后产物的物相组成。

SiC 材料由于具有与铝液不润湿及良好的抗氧化性能，而被广泛应用于铝电解的流铝槽及电磁泵等部位[34-36]。本节用静态坩埚法研究了无催化剂和分别以 1%Fe、3%Ni 和 3%Co 为催化剂时制备的自结合 SiC 耐火材料（1573K、3h 反应制备，SiC 结合相含量为 15%）的抗冰晶石侵蚀及渗透性能。

4.4.2 测试结果与讨论

图 4.28 为不加催化剂和分别加入催化剂 Fe、Co 和 Ni 时制备的自结合 SiC 耐火材料在 1373K 被冰晶石侵蚀 6h 后的断口照片，从图中可以看出，试样侵蚀界面规则，无明显侵蚀现象。

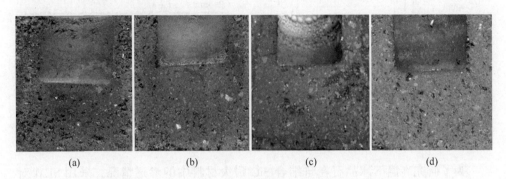

(a)　　　　　　　　(b)　　　　　　　　(c)　　　　　　　　(d)

图 4.28　自结合 SiC 耐火材料被冰晶石侵蚀 6h 后的断面照片
(a) 无催化剂；(b) Fe；(c) Co；(d) Ni

为了进一步研究冰晶石对自结合 SiC 耐火材料的侵蚀行为，先将上述试样从侵蚀表面开始每隔 2mm 切成薄片，再研磨后对粉末进行 XRD 检测，分析试样物相组成随侵蚀深度的变化，结果如图 4.29 所示。从图中可知，所有试样在不同侵蚀深度均没有检测到 $NaAlSiO_4$ 的衍射峰，说明自结合 SiC 耐火材料在还原性气氛下没有明显的氧化和侵蚀，有着非常好的抗冰晶石侵蚀性能。同时，图 4.29 的结果还表明，对无催化剂和加入催化剂 Co 时制备的自结合 SiC 耐火材料而言，在 6mm 以内的侵蚀深度可以检测到微量冰晶石的特征衍射峰，而加入催化剂 Ni 和 Fe 时只在 2mm 以内的侵蚀深度检测到冰晶石的特征衍射峰，说明冰晶石会向试样内部渗透。

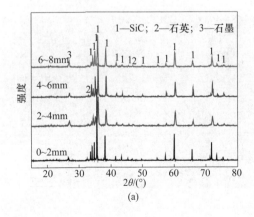

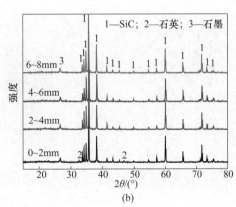

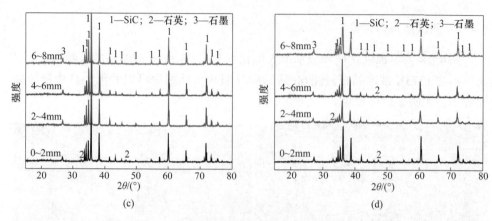

图 4.29　加入不同催化剂时自结合 SiC 耐火材料被冰晶石侵蚀 6h 后不同深度的 XRD 图谱
(a) 无催化剂；(b) Fe；(c) Ni；(d) Co

为了研究高温下冰晶石在自结合 SiC 耐火材料中的渗透情况，采用 SEM 对 1373K 冰晶石渗透 6h 后的自结合 SiC 耐火材料进行了形貌观察，结果如图 4.30 所示。从图 4.30 (a) 无催化剂时自结合 SiC 耐火材料的 SEM 照片中可以看到，在界面层 2~3mm 的范围内试样较其内部更为致密，这应该是高温下冰晶石熔体渗入材料内部后填充气孔的结果，而加入催化剂 Fe、Co 和 Ni 时其 SEM 图 (见图 4.30 (b)~(d)) 中却看不出明显的结构变化，说明冰晶石在加入催化剂制备的试样中渗透较轻。

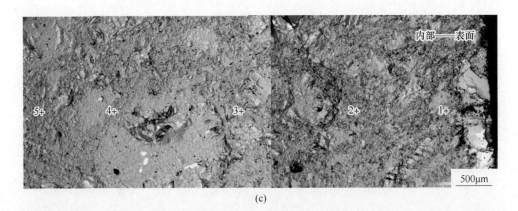

(c)

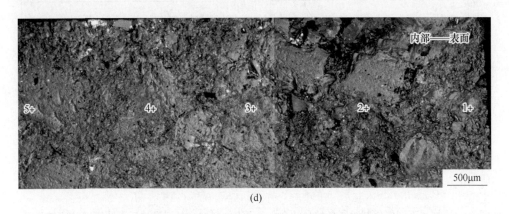

(d)

图4.30 加入不同催化剂时制备的自结合 SiC 耐火材料经冰晶石侵蚀后的 SEM 照片

(a) 无催化剂；(b) Fe；(c) Ni；(d) Co

  采用 EDS 分析了冰晶石在试样中的渗透情况，选择基质部分从试样渗透界面开始向其内部每隔大约 1mm 的深度（见图 4.30）依次进行 EDS 点扫描，其结果如图 4.31 所示。从图中可知，Na 元素和 F 元素较 Al 元素更容易渗透。对无催化剂加入时的试样而言（见图 4.31（a）），在距离自结合 SiC 耐火材料渗透界面约 10mm 处才基本检测不到 F 元素和 Na 元素；而对加入催化剂 Fe 时的试样而言（图 4.31（b）），在距离渗透界面约 5mm 处就基本检测不到 F 元素和 Na 元素；对分别加入催化剂 Ni 和 Co 时制备的试样而言（见图 4.31（c）（d）），在距离渗透界面约 6mm 处基本检测不到 F 元素和 Na 元素，说明催化剂的加入对提高自结合 SiC 耐火材料抗冰晶石渗透性有一定的改善作用，其原因可能是加入催化剂后自结合 SiC 耐火材料的结构更致密，从而阻止了冰晶石向材料内部的扩散。

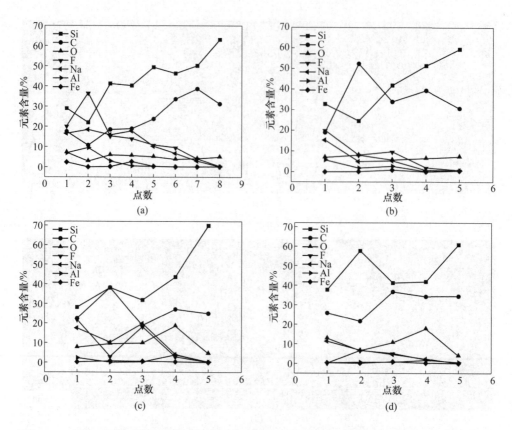

图 4.31 加入不同催化剂时制备的自结合 SiC 耐火材料被冰晶石渗透后不同深度的能谱分析
(a) 无催化剂；(b) Fe；(c) Ni；(d) Co

4.5 催化剂种类对结构与性能的影响

根据第 3 章和第 4 章的内容，将无催化剂和加入不同催化剂时对制备的自结合 SiC 耐火材料（反应温度为 1573K，SiC 结合相原料加入量为 15%）结构与性能的影响进行了比较，结果见表 4.6。无催化剂时制备的自结合 SiC 耐火材料试样的基质中基本观察不到 3C-SiC 晶须（见图 3.2 和图 3.3）；加入 Fe 催化剂时制备的自结合 SiC 耐火材料试样基质中生成了大量长径比较大的 3C-SiC 晶须（见图 3.6 和图 3.7）；加入 Ni 和 Co 催化剂时制备的自结合 SiC 耐火材料试样的基质中生成了较粗短的 3C-SiC 晶须（见图 3.15、图 3.16、图 3.19 和图 3.20）。对应于结构的不同，加入催化剂时制备的自结合 SiC 耐火材料试样的各项性能均优于无催化剂时制备的自结合 SiC 耐火材料试样的性能：前者的常温力学性能是后者的 2 倍左右（见图 3.5、图 3.9~图 3.12、图 3.14、图 3.18、图 3.22 和图 3.23~

图 3.26）；加入催化剂的试样高温力学性能是无催化剂的试样 2 倍左右，且其强度最大值的温度提高了 200K（见图 4.1~图 4.6）；抗氧化程度也较无催化剂时有所减小，其初期和中期的氧化表观活化能有所增加（见图 4.11 和图 4.12，表 4.2 和表 4.4）；加入催化剂的试样残余强度保持率是无催化剂加入时的 3 倍以上，且强度最大值的温度提高了 200K（见图 4.24~图 4.26），其抗热震指数也有所提高（见表 4.5）；引入催化剂的试样抗冰晶石渗透深度较无催化剂时有所降低（见图 4.29~图 4.31）。其中，加入催化剂 Fe 时制备的自结合 SiC 耐火材料试样的性能稍优于加入 Ni 和 Co 时的性能。

表 4.6　不同过渡金属催化剂对自结合 SiC 耐火材料结构与性能的影响

结构与性能	无催化剂	催化剂种类	
		Fe	Co 或 Ni
结构	基质中基本观察不到 3C-SiC 晶须	基质中可观察到大量 3C-SiC 晶须	基质中可观察到较粗短的 3C-SiC 晶须
常温力学性能	差	最佳	较好
高温力学性能	差，最高强度值对应温度为 1273K	最佳，最高强度值对应温度为 1473K	较好，最高强度值对应温度为 1473K
抗氧化性（1773K，120min）	氧化深度：10mm	氧化深度：6mm	—
残余强度保持率（$\Delta T = 1075K$）/%	20	60	70
抗冰晶石渗透性（1373K，6h）	渗透深度：10mm	渗透深度：5mm	渗透深度：6mm

参 考 文 献

［1］ ZHONG X. High-temperature properties of oxide nonoxide refractory composites ［J］. Refractories, 2000, 78 (7): 98-101.

［2］ 徐恩霞，黄少平，钟香崇. 耐火材料高温弯曲应力-应变关系测试方法及影响因素 ［J］. 耐火材料, 2006, 40 (5): 382-385.

［3］ KOVALČÍKOVÁ A, DUSZA J, ŠAJGALÍK P. Thermal shock resistance and fracture toughness of liquid-phase-sintered SiC-based ceramics ［J］. Journal of the European Ceramic Society, 2009, 29: 2387-2394.

［4］董建存，赵俊国，任云龙，等. 结合相对 SiC 质材料抗冰晶石侵蚀性能的影响［J］. 轻金属，2003，（2）：43-44.

［5］LUO F，ZHU D，ZHANG H. Properties of reaction-bonded SiC/Si_3N_4 ceramics［J］. Materials Science and Engineering A，2006，431（1/2）：285-289.

［6］WAN L，HUANG Z，SONG S，et al. A newly developed self-bonded SiC refractory［J］. Advanced Materials Research，2013，750/752：2078-2083.

［7］钟香崇. 碱性耐火材料的热机械性质［M］. 北京：冶金工业出版社，1957.

［8］LI K，WANG D，CHEN H，et al. Normalized evaluation of thermal shock resistance for ceramic materials［J］. Journal of Advanced Ceramics，2014，3（3）：250-258.

［9］韩波，张海军，钟香崇. 矾土基 β-sialon 结合刚玉/碳化硅复合材料的高温弯曲蠕变性能［J］. 硅酸盐学报，2007，35（2）：216-219.

［10］YANG W，ARAKI H，HU Q，et al. In situ growth of SiC nanowires on RS-SiC substrate（s）［J］. Journal of Crystal Growth，2004，264（1/2/3）：278-283.

［11］XI N. Application and synthesis of inorganic whisker materials［J］. Progress in Chemistry，2003，15（4）：264-274.

［12］YASUTOMI Y，KITA H，NAKAMURA K，et al. Development of high-strength Si_3N_4 reaction-bonded SiC ceramics［J］. Journal of the Ceramic Society of Japan，2010，96（1115）：783-788.

［13］UDAYAKUMAR A，BHUVANA R，KALYANASUNDARAM S，et al. Vapour phase preparation and characterisation of SiC_f-SiC and C_f-SiC ceramic matrix composites［J］. Key Engineering Materials，2009，395：209-232.

［14］TAN C，LIU J，ZHANG H，et al. Low temperature synthesis of 2H-SiC powders via molten-salt-mediated magnesiothermic reduction［J］. Ceramics International，2016，43（2017）：2431-2437.

［15］DOYLE C D. Kinetic analysis of thermogravimetric data［J］. Journal of Applied Polymer Science，1961，5（15）：239-251.

［16］李文超，林勤，叶文，等. 不同稀土添加剂的铁铬铝合金高温氧化动力学研究［J］. 钢铁，1982（1）：13-21.

［17］TURKDOGAN E T，GRIEVESON P，DARKEN L S. Enhancement of diffusion-limited rates of vaporizaton of metals［J］. Journal of Physical Chemistry，1963，67（8）：1647-1654.

［18］WAGNER C. Passivity during the oxidation of silicon at elevated temperatures［J］. Journal of Applied Physics，1958，29（9）：1295-1297.

［19］GULBRANSEN E A，ANDREW K F，BRASSART F A. The oxidation of SiC at 1150 to 1400℃ and at 9×10^{-3} to 5×10^{-1} torr oxygen pressure［J］. Journal of the Electrochemical Society，1966，113（12）：1311.

［20］ROSNER D E，ALLENDORF H D. High-temperature kinetics of the oxidation and nitridation of pyrolytic silicon carbide in dissociated gases［J］. Journal of Physical Chemistry C，1970，74（9）：1829-1839.

［21］WANG J，ZHANG L，ZENG Q，et al. Theoretical investigation for the active-to-passive transition in the oxidation of silicon carbide [J]. Journal of the American Ceramic Society, 2010, 91 (5): 1665-1673.

[22] BALDWIN R R, HISHAM M W M, WALKER R W. Arrhenius parameters of elementary reactions involved in the oxidation of neopentane [J]. Journal of the Chemical Society Faraday Transactions, 1982, 78 (78): 1615-1627.

[23] CALLIGARIS S, MANZOCCO L, CONTE L S, et al. Application of a modified arrhenius equation for the evaluation of oxidation rate of sunflower oil at subzero temperatures [J]. Journal of Food Science, 2004, 69 (8): 361-366.

[24] HASSELMAN D P H. Unified theory of thermal shock fracture initiation and crack propagation in brittle ceramics [J]. Journal of the American Ceramic Society, 1969, 52 (11): 600-604.

[25] 廖宁, 李亚伟, 桑绍柏, 等. 炭黑种类对低碳铝碳材料显微结构和力学性能的影响 [J]. 硅酸盐学报, 2014, 42 (12): 1591-1599.

[26] 刘耕夫, 李亚伟, 廖宁, 等. 添加碳化硼对低碳铝碳耐火材料显微结构和性能的影响 [J]. 硅酸盐学报, 2017, 45 (9): 1340-1346.

[27] 孔德玉, 杨辉, 陈桂华. 高温推板砖抗热震稳定性研究 [J]. 硅酸盐学报, 2002, 30 (s1): 109-111.

[28] 黄文生, 孙庚辰. 添加 Al、Si 对碳结合刚玉-莫来石材料热震稳定性的影响 [J]. 耐火材料, 1991, 25 (6): 313-315.

[29] 潘裕柏, 江东亮, 谭寿洪, 等. 氮化硅结合 SiC 耐火材料的物理和机械性能研究 [J]. 耐火材料, 1994, 28 (1): 55-56.

[30] 王战民, 王守业, 李再耕. Al_2O_3-SiC-C 质浇注料抗热震性和抗渣铁侵蚀性的研究 [J]. 耐火材料, 1995, 29 (1): 16-18.

[31] 马伟民, 修稚萌, 闻雷, 等. 不同含量 Y_2O_3 的 ZrO_2 对 Al_2O_3 复合陶瓷热震稳定性的影响 [J]. 中国稀土学报, 2004, 22 (2): 229-234.

[32] SALVINI V R, PANDOLFELLI V C, BRADT R C. Extension of hasselman's thermal shock theory for crack/microstructure interactions in refractories [J]. Ceramics International, 2012, 38 (7): 5369-5375.

[33] GUPTA T K. Strength degradation and crack propagation in thermally shocked Al_2O_3 [J]. Journal of the American Ceramic Society, 2010, 55 (5): 249-253.

[34] ZHANG L, XIAN J J, YU H L, et al. Preparation of Si_3N_4-SiC material and research on the corrosion behavior of Si_3N_4-SiC material in cryolite melt solution [J]. Bulletin of the Chinese Ceramic Society, 2006, 25 (5): 176-179.

[35] DONG J, ZHAO J, REN Y, et al. Influence of the bonding phase on cryolite resistence of SiC based refractories [J]. Light Metals, 2003 (2): 43-44.

[36] 张丽鹏, 于先进, 李玉怀, 等. 氮化硅结合 SiC 材料的制备及在冰晶石熔盐中的腐蚀行为研究 [J]. 硅酸盐通报, 2006, 25 (5): 176-179.

5 原位氮化结合 SiC 基浇注料

5.1 振动浇注成形的高强度碳化硅基浇注料

5.1.1 实验

实验的主要原料为黑 SiC，刚玉粉（WFA）、金属 Si 粉等，表 5.1 为试样配方。其中，黑碳化硅的临界粒度为 5mm，金属硅粉的粒度为 0.074mm，MS 表示二氧化硅微粉，RA 表示氧化铝微粉，CAC 表示铝酸钙水泥。

表 5.1　各组试样的配比　　　　　　　　　　　（%）

试样编号	SiC 颗粒和细粉	MS+RA+CAC	刚玉细粉（WFA）	Si
S5-1300	76.0	10.5	8.5	5
S5-1420	76.0	10.5	8.5	5
S5-1500	76.0	10.5	8.5	5
S7-1300	76.0	10.5	6.5	7
S7-1420	76.0	10.5	6.5	7
S7-1500	76.0	10.5	6.5	7
S9-1300	76.0	10.5	4.5	9
S9-1420	76.0	10.5	4.5	9
S9-1500	76.0	10.5	4.5	9

按照表 5.1 的组成配料，加入 6% 左右的水充分搅拌后，振动浇注成 25mm×25mm×150mm 的坯体，干燥后在高纯流动氮气中分别按照 1300℃、6h，1420℃、6h，1500℃、6h 的条件氮化。氮化反应是气相参与的反应，为避免高温氮化时硅的熔化，保证氮化的质量，需采取慢速升温、分段保温的温度制度，并保证一定的氮气压。氮化结束后在氮气保护下自然冷却，检测试样的物理性能及冷/热态力学性能，测试热态抗折强度的条件分别为 800℃、2h，1000℃、2h，1200℃、

2h，1400℃、2h，均埋炭，并利用 XRD（X′pert MPD PRO 荷兰 菲利浦公司）、SEM（JSM-6460LV 日本电子）及 EDX（INCA energy 能谱仪 英国牛津仪器公司）分析试样的显微结构和断口形貌。

5.1.2 结果与讨论

5.1.2.1 试样的物理性能

试样物理性能的检测结果见表 5.2。由表中可看出，1420℃以上温度处理的试样物理性能优于1420℃以下温度处理的试样，具体表现为烧结前后体积稳定性好，耐压强度高，结构致密。

表 5.2 氮化后试样的物理性能及含氮量

检测项目	S5-1300	S5-1420	S5-1500	S7-1300	S7-1420	S7-1500	S9-1300	S9-1420	S9-1500
永久线变化率/%	−0.06	−0.04	−0.04	−0.08	0.05	0.08	−0.12	−0.02	0.07
显气孔率/%	16.7	16.2	15.7	16.4	16.1	16.1	16.6	15.8	15.1
体积密度/g·cm⁻³	2.58	2.46	2.65	2.59	2.62	2.65	2.52	2.67	2.65
耐压强度/MPa	102.6	107.0	127.0	141.0	139.7	275.6	172.0	148.3	257.2
含氮量/%	1.1	1.3	1.2	1.9	3.1	4.2	1.2	3.4	4.4

只考虑氮化引起的增重，忽略其他原因带来的重量变化，用试样氮化前后的增重计算含氮量，结果见表 5.2。由表可见，由于原料硅含量的不同导致氮化后含氮量的不同，但是1300℃氮化后由于氮化温度不够，不同硅含量的试样含氮量基本差别不大，这是氮化没有完全进行的缘故，这与相关文献对氮化温度的报道相符。

5.1.2.2 试样的冷/热态抗折强度

图 5.1 为试样冷态抗折强度随硅粉含量及氮化温度增加的变化。由图可见，1300~1500℃氮化后，随着氮化温度的提高和硅粉添加量的增加，各组试样的强度提高。但氮化温度为1500℃的试样其强度相对1420℃处理的试样提高不显著。氮化过程中，试样在1200℃左右伴随着液相的出现都完成了致密化的过程；但对于氮化反应，不同的温度阶段，生成氮化物的量及形态是有很大差别的[1]。从这组数据可看出，1420℃和1500℃是氮化较完全的温度，而1300℃时氮化试样由于氮化物含量低而性能差，与含氮量的计算结果基本相符。

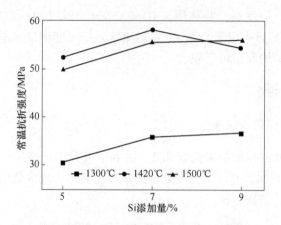

图 5.1 试样常温抗折强度随硅粉含量及氮化温度增加的变化

不同硅含量及氮化温度对试样在 1200℃ 下热态抗折强度的影响如图 5.2 所示。可以看出，不同温度氮化后试样在 1200℃ 下热态抗折强度随金属硅粉添加量的增加而增加。1420℃ 和 1500℃ 热处理后的试样与 1300℃ 热处理后的试样相比，强度高 80%，原因是这两个温度提供了氮化反应的热力学条件[2]，使氮化反应充分进行，氮化物的出现使结合大大改善。而原料相同，分别在 1420℃ 和 1500℃ 氮化的试样强度差别不大，说明 1420℃ 或稍高的温度就可使氮化充分进行。硅粉添加量分别为 7% 和 9% 的试样在 1420℃ 和 1500℃ 两个温度氮化，强度差别不大。

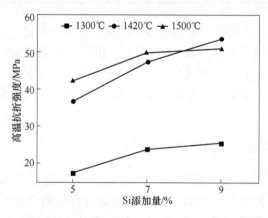

图 5.2 不同硅含量及氮化温度对试样 1200℃ 下抗折强度的影响

图 5.3 为 1420℃ 氮化后各组试样抗折强度随硅粉添加量和检测温度变化的变化。从图 5.3 可以看到，试样在 800℃ 的强度随硅添加量的增加没有明显的变化，1000℃ 和 1200℃ 下试样的热态强度随硅加入量的增加略有上升，说明更多的氮化物的存在增强了材料的结合，对提高该温度下的强度有积极作用。1400℃ 下试样

的抗折强度随硅加入量的增加先升高后降低，降低的原因是晶界的非晶质相软化的积累及高温液相黏度的下降，物质的塑性加速了晶界滑移等[3]。以上分析说明该实验中1200℃以上的温度范围，硅的添加量不宜超过7%，而对于1200℃及以下的温度范围，硅的含量可适当增加。

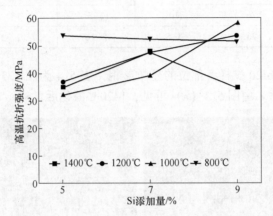

图 5.3 1420℃氮化后试样抗折强度随硅粉添加量和检测温度变化的变化

5.1.2.3 试样的物相与显微结构

S5-1420、S7-1420、S9-1420 和 S9-1300 试样的 XRD 图谱和半定量物相分析结果分别见图 5.4 和表 5.3。由图 5.4 及表 5.3 可知，1420℃氮化后的试样均生成了与加入的硅粉当量的 Sialon 相，金属 Si 几乎全部都反应生成了氮化物，除加入 9%的金属 Si 粉的试样生成少量 Si_2N_2O，其他试样均生成了氮化物 Sialon，残 Si 含量都很低。当氮化温度为 1300℃时，金属硅粉含量最高的 S9-1300 试样氮化后只有微量的 Si_2N_2O 生成，残 Si 含量较高，说明在该氮化温度下，无法产生满足向硅粉颗粒内部深入反应和晶粒生长的动力。

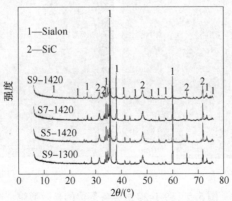

图 5.4 S5-1420、S7-1420、S9-1420 和 S9-1300 试样 XRD 图谱

表 5.3 试样氮化后的主要成分 （%）

试样编号	SiC	Sialon	Al$_2$O$_3$	Si	Si$_2$N$_2$O
S9-1300	76	0	5~10	3	<1
S9-1420	76	15	5	1	<3
S7-1420	76	10	3~5	1	0
S5-1420	76	3~5	5~10	1	0

图 5.5 为 S9-1420 试样各部位的显微形貌，表 5.4 为图 5.5 中各标定点的能谱分析结果及 Z 值。由图 5.5（a）可见，1420℃ 氮化后，SiC、WFA 颗粒已被反

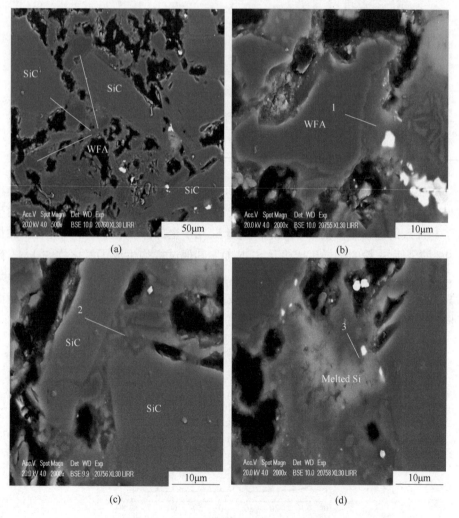

(a)　　　　　　　　　　　(b)

(c)　　　　　　　　　　　(d)

图 5.5　S9-1420 试样各部位的显微形貌

（a）SiC 和 WFA 连接；（b）反应产物环绕在 WFA 颗粒周围；（c）反应产物围绕在 SiC 颗粒周围；（d）残 Si

应生成物连接起来，在空间形成网络状结构；图 5.5（b）和（c）是反应产物作为结合相环绕在 SiC、WFA 颗粒周围，原先棱角分明的颗粒边缘现在都变得模糊或呈锯齿状，残 Si 很少，如图 5.5（d）所示。经 EDX 分析，在颗粒边缘生成的新相组成均为 Sialon（见表 5.4）[2]，但可能是由于局部颗粒发育不完全或其他成分的影响，计算的 Z 值较低。

表 5.4　图 5.5 中标定点元素含量的能谱分析结果及 Z 值

点号	N/%	O/%	Al/%	Si/%	Z 值
1	12.95	13.81	8.20	61.83	1.01
2	11.15	14.45	10.47	57.58	1.33
3	6.55	18.71	13.72	51.34	1.82

图 5.6 为 S9-1420 试样的断口显微结构。由图可以看出，SiC 颗粒与基质连成一片，这样的结构特点是热态强度提高的显微结构证据。图 5.7～图 5.9 分别为加入 9%、7% 和 5% 金属 Si 粉氮化后试样的断口显微形貌，表 5.5 为标定点的能谱分析结果及 Z 值。可以看到生成的 Sialon 相呈棱柱状、纤维状和无定型态相间分布，在气孔大的地方发育更完全，氮含量高，氮化程度完全，Z 值与显微形貌特征也符合文献报道[3]。纤维状晶的出现说明反应过程有气相传质过程进行。由此可推测具体反应过程如下[4]：

$$SiO_2 \longrightarrow SiO(g) + 1/2O_2(g) \tag{5.1}$$

$$Al_2O_3 \longrightarrow Al_2O(g) + O_2(g) \tag{5.2}$$

$$(6 - 3Z/2)Si + Z/2Al_2O(g) + Z/2SiO(g) + (8 - Z)/2N_2(g) \longrightarrow$$
$$Si_{6-Z}Al_ZO_ZN_{8-Z} \tag{5.3}$$

图 5.6　SiC 颗粒与基质结合处(S9-1420)的断口形貌

图 5.7 S9-1420 中棱柱状和纤维状的 Sialon

图 5.8 S7-1420 中的 Sialon

图 5.9 S5-1420 中六方棱柱状的 Sialon

表 5.5 图 5.7~图 5.9 中各标定点元素含量的能谱分析结果及 Z 值

标定点	N/%	O/%	Al/%	Si/%	Z 值
图 5.7 中点 1	23.17	13.14	17.72	43.07	2.98
图 5.8 中点 1	24.58	17.35	17.35	40.72	2.97
图 5.9 中点 1	20.99	13.95	6.90	51.16	3.22

XRD 分析显示氮化后试样成分中有 Si_2N_2O，但在断口中没有观察到 Si_2N_2O 晶体典型的板状结构[2,4]，说明它的含量很少，它的生成反应方程[4]如下：

$$3Si + SiO_2 + 2N_2 \longrightarrow 2Si_2N_2O \tag{5.4}$$

图 5.10 为 S9-1420 试样在 1200℃、0.5h、埋炭条件下热态抗折强度检测后的断口形貌。由图看出，断口光滑，结构致密，SiC 颗粒上可看到清晰的被撕裂的条纹，说明骨料和基质的结合非常好，并且在高温下由于骨料和基质热性能的相近而没有形成微裂纹的痕迹。应力作用下的裂纹在扩展过程中没有薄弱环节，基质与骨料成为整体，因此强度增强。

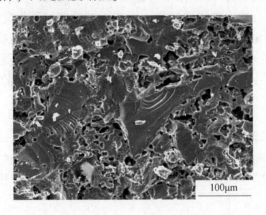

图 5.10 1200℃、0.5h 抗折后 S9-1420 试样的断口形貌

显微结构分析说明，1420℃或稍高的温度就可使氮化反应进行完全，原位氮化物的形成及形成过程都大大加强了基质的结合及基质与颗粒的结合，是材料具有优异热态强度的主要原因[10]。

5.2 结合方式对碳化硅浇注料氮化后性能的影响

第 5.1 节利用原位氮化原理制备出了高性能原位氮化物结合碳化硅基耐火浇注料，该浇注料的冷、热（1200℃以下）态力学性能与机压成形的产品相当。但该试样的热态强度在 1400℃时只有最高强度的 50%左右，导致强度降低的原因是结合体系中含有水泥，水泥中的 CaO 容易与结合体系中的其他物质反应生成低熔点相，导致热态强度的急剧下降[5-7]。本节分别以超低水泥+二氧化硅、硅溶胶、水硬性氧化铝+二氧化硅作为结合体系，尝试通过改进结合体系探究提高试样在高温状态下使用性能的方法，研究了不同结合体系对原位氮化物结合 SiC 基浇注料氮化后冷、热态强度、抗热震性能及显微结构的影响。

5.2.1 实验

试验所用原料为：$w(SiC)>97\%$ 的黑 SiC，$w(Al_2O_3)>97\%$ 的烧结白刚玉粉（WFA），$w(Si)>99\%$ 的硅粉，二氧化硅微粉（MS），纯铝酸钙水泥（CAC），水硬性氧化铝（HA），$w(SiO_2)=35\%$ 的硅溶胶等，表 5.6 为各组试样编号及配方，其中，黑碳化硅的临界粒度为 5mm，硅粉的粒度为 0~0.074mm。按表 5.1 组成配料，S1、S2 成形时分别加入 4.5% 左右的水，S3 加入了 11% 的硅溶胶。充分搅拌后，振动浇注成 25mm×25mm×150mm 的坯体，干燥后在高纯流动氮气中 1420℃、6h 氮化。氮化反应是气相反应，为避免高温氮化时硅的熔化，保证氮化的质量，采取慢速升温-分段保温的温度制度，并保证一定的氮气压。氮化结束后在氮气保护下自然冷却得到试样。检测了试样的物理性能及冷态抗折强度，重点检测了试样在 800℃、1000℃、1200℃ 和 1400℃ 的热态抗折强度，经 600℃、800℃、1100℃ 热震一次水冷后的残余抗折强度，以残余抗折强度保持率表征了试样的热震稳定性，并利用 XRD、SEM 及 EDX 分析试样的物相组成和显微结构。

表 5.6 各组试样的配比 （%）

试样编号	SiC 颗粒和细粉	刚玉细粉（WFA）	Si 粉	二氧化硅微粉+铝酸钙水泥(MS+CAC)	二氧化硅微粉+水合氧化铝(MS+HA)	硅溶胶
S1	71.0	12.0	9	8	—	—
S2	71.0	12.0	9	—	8	—
S3	77.0	13.0	10	—	—	（外加 10）

5.2.2 结果与讨论

5.2.2.1 物理性能及含氮量

试样的永久线变化率（PLC）、显气孔率（A.P）、体积密度（B.D）、耐压强度（CCS）及含氮量的检测结果见表 5.7。由表可知，S2 相比 S1 和 S3 试样有较大的收缩，原因是水硬性氧化铝向 α-Al_2O_3 转化时产生的体积效应，但在

0.5%以下，对施工影响不大。S3 相比 S1 和 S2 有较大的气孔率和含氮量；较小的体积密度和耐压强度，这是因为 S3 试样中加入了相当于试样 S1 和 S2 中 2 倍的水，造成结构的疏松，但它也为氮气进入提供通道，有利于氮化反应的完全进行，因而有较高的含氮量。

表 5.7 氮化后试样的物理性能及含氮量

检测项目	S1	S2	S3
永久线变化率/%	−0.133	−0.401	−0.165
显气孔率/%	13.7	13.2	17.1
体积密度/g·cm⁻³	2.77	2.77	2.62
耐压强度/MPa	357.3	273.8	160.0
含氮量/%	4.2	4.4	4.9

5.2.2.2 物相组成与显微结构

对氮化后试样的物相进行了 XRD 分析，结果如图 5.11 所示。

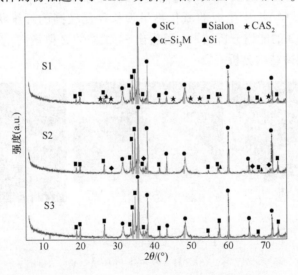

图 5.11 S1、S2、S3 试样的 XRD 图谱

从图 5.11 和表 5.8 中可以看出，试样 S3 中 Sialon 的含量最大，与氮含量的分析结果一致。生成 Sialon 的原位反应是有气相参与的反应，也可能是纯固相反应。当硅粉周围较致密时，更容易发生固相反应，反应方程式如下[8]：

$$Si + N_2 + Al_2O_3 + SiO_2 \longrightarrow \beta\text{-Sialon} \qquad (5.5)$$

表 5.8   氮化后试样的主要成分   （%）

试样编号	SiC	Sialon	Al_2O_3	Si	CAS_2	$\alpha\text{-}Si_3N_4$
S1	71	8~13	5~10	<1	1~3	—
S2	71	8~13	5~10	<1	—	<3
S3	71	13~15	10	<0.5	—	—

在气孔中或结构疏松的地方，二氧化硅微粉、氧化铝微粉有可能先气化分解，分解的产物 SiO 和 Al_2O 与氮气、汽化的硅蒸气发生原位反应，可能的反应方程式为式 (5.1)~式 (5.3)[9]。

产物中，只有试样 S1 中含有长石相 CAS_2，它在 1200℃以上会产生液相使颗粒滑移，导致材料高温性能下降。S2 中含有 $\alpha\text{-}Si_3N_4$，说明反应不完全，$\alpha\text{-}Si_3N_4$ 没有完全与 Al_2O_3 固溶形成固溶体 Sialon。在 S3 中没有硅酸盐相也没有反应中间相 $\alpha\text{-}Si_3N_4$，说明基质纯净且原位氮化反应进行完全，是理想的高温结合状态。

图 5.12 为各试样的断口显微形貌。由图可明显看出，CA+MS 结合的试样 S1 其氮化物发育为柱状，结晶较完整；HA+MS 结合的试样 S2 中氮化物的生长是伴随着水合氧化铝向 $\alpha\text{-}Al_2O_3$ 晶型转化而发生的，因此晶体呈台阶状生长；二氧化硅溶胶结合的试样 S3 中生成的氮化物呈现长径比较高的纤维状。表 5.9 为图 5.12 中点 1~点 3 的能谱分析结果，可看出 S1 试样的 Z 值最高，S2 和 S3 试样的 Z 值较低，与显微结构分析一致[1]。

 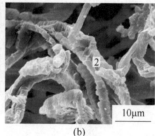 

(a)   (b)   (c)

图 5.12   试样的显微形貌
(a) S1；(b) S2；(c) S3

表 5.9   图 5.12 中各点的能谱分析结果及 Z 值

点号	N/%	O/%	Al/%	Si/%	Z 值
1	13.77	3.78	14.67	67.59	1.86
2	24.34	20.47	5.43	49.76	0.57
3	19.04	10.50	4.07	66.40	0.47

5.2.2.3 常温、高温抗折强度

图 5.13 为高温氮化处理后试样强度随温度的变化。3 组试样强度的最高点都出现在 800~1000℃ 之间。5 个检测温度中，常温、1000℃ 和 1200℃ 时，均是试样 S1 的强度最高，这说明超低水泥+二氧化硅微粉结合体系的试样在不大于 1200℃ 的温度下，虽然会有长石相存在，但未到其熔点，所以不会对强度有明显不利的影响；检测温度为 800℃ 和 1400℃ 时，试样 S2 强度最高，水硬性氧化铝+二氧化硅结合的试样 S2 和超低水泥+二氧化硅微粉结合的试样 S1 有相当的强度，但由于水硬性氧化铝在热处理时会伴随自身的晶型转变，使热处理过程复杂，体积稳定性下降，当制备大试样时，有可能产生较大的内应力，破坏结构。硅溶胶结合试样 S3 的强度随检测温度变化的曲线最平缓，说明其高温下强度保持率最高，原因是基质最纯净，是最理想的高温结合状态。但因为成形时试样 S3 的加水量大于试样 S1 和 S2，导致氮化后结构中气孔较多而使强度绝对值低，其制备工艺有待改进。

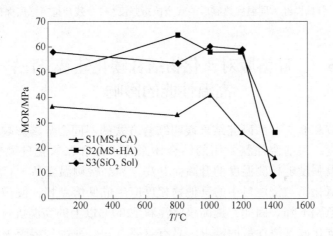

图 5.13 高温氮化处理后试样强度随检测温度的变化

5.2.2.4 抗热震稳定性

图 5.14 为高温氮化后三种结合方式的试样在不同温度下热震后的抗折强度及残余抗折强度保持率。由图 5.14（a）可见，随着热震温度的升高，三种结合方式试样的残余抗折强度都是下降的。S3 试样的常温抗折强度虽然只有试样 S1 的 63%、试样 S2 的 80% 左右，但随着热震温度的升高，其残余抗折强度值与试样 S1 和试样 S2 强度值的差别在缩小，3 组试样在 1100℃ 热震后的残余抗折强度已没有明显差别；图 5.14（b）可见，3 组试样的残余抗折强度保持率也都是随

着热震温度下降的, 但在每个热震温度下, 硅溶胶结合试样 S3 的残余抗折强度保持率都是最高的。这说明热震的过程对硅溶胶结合试样的结构破坏较小, 但铝酸钙水泥+二氧化硅微粉结合的试样 S1 和水硬性氧化铝+二氧化硅微粉结合的试样 S2 的结构对热震更加敏感, 容易在热震中受到破坏。

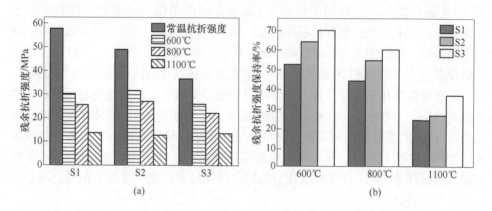

图 5.14 各试样经不同温度热震后的残余抗折强度(a)及残余抗折强度保持率(b)

5.3 硅溶胶对氮化物结合碳化硅基浇注料 高温性能的影响

第5.1节和5.2节的研究结果表明结合方式的不同会显著影响碳化硅浇注料的高温强度, 目前浇注料常用的结合体系为水泥和二氧化硅微粉[1]。氮化后试样的高温强度随检测温度的升高而升高。但当检测温度高于1200℃时, 由于水泥中的氧化钙与浇注料中的其他物相反应生成低熔点相, 使得浇注料在高温下的强度急剧下降。因此, 提高该浇注料1200℃以上的高温抗折强度, 满足高温工业对碳化硅基浇注料的需求, 具有重要意义。采用硅溶胶为结合剂可以实现浇注料基质的无钙化, 并显著提升其1200℃以上的高温强度。本节选取了三种不同 pH 值、不同粒径的硅溶胶为结合剂, 通过原位氮化工艺制备了 Si_2N_2O 结合的碳化硅浇注料, 并研究了这3种硅溶胶结合剂对浇注料试样高温性能的影响。

5.3.1 实验

实验所用原料包括黑 SiC($w(SiC) \geqslant 98\%$, 河南省顺祥耐火材料厂)、硅粉($w(Si) > 99\%$, 洛阳润昌窑业有限公司)、二氧化硅微粉 ($w(SiO_2) > 96\%$, 洛阳润昌窑业有限公司), 以及三种不同 pH 值、不同粒径的二氧化硅溶胶, 其相关物理化学性能指标见表5.10。

表 5.10 实验用硅溶胶的物理化学性能指标

SiO$_2$ 溶胶编号	SiO$_2$ 含量/%	SiO$_2$颗粒尺寸/nm	pH 值	水含量/%
1 号	30	100	3.4	70
2 号	30	—	3.1	70
3 号	40	—	10.1	60

实验所用三种硅溶胶的显微结构如图 5.15 所示，结果表明：1 号硅溶胶中二氧化硅颗粒呈球形，粒径均匀，基本没有团聚现象出现。2 号及 3 号硅溶胶的颗粒团聚在一起，颗粒尺寸大而不均匀。

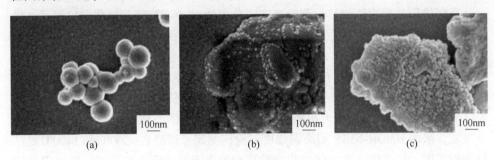

(a) (b) (c)

图 5.15 三种硅溶胶中二氧化硅颗粒的形态

(a) 1号；(b) 2号；(c) 3号

根据表 5.11 的配比，先将碳化硅、二氧化硅微粉和硅粉进行混合，试样 S1、S2 和 S3 中分别加入 7% 的 1 号、2 号和 3 号硅溶胶。试样 S4、S5 和 S6 中分别添加 3%、5% 和 9% 的 1 号硅溶胶。为保证加水量相同，在试样 S3、S4 和 S5 中分别补充 0.7%、2.8% 和 1.4% 的水。原料均匀混合后，振动浇注成 25mm×25mm×150mm 的坯体，再在 110℃ 下干燥 24h 后于流通氮气中 1420℃ 氮化反应 6h，而后在氮气保护下自然冷却制得 Si$_2$N$_2$O 结合 SiC 基浇注料试样。

表 5.11 实验原料配比　　　　　　　　　　　　（%）

原　　　料	试样编号					
	S1	S2	S3	S4	S5	S6
SiC（5~3mm，3~1mm，1~0mm，≤0.088mm）	83					
Si（≤0.088mm）	9					
SiO$_2$ 微粉（≤5μm）	5.9	5.9	5.2	7.1	6.5	5.3

原 料	试样编号					
	S1	S2	S3	S4	S5	S6
硅溶胶	7 (1号)	7 (2号)	7 (3号)	3 (1号)	5 (1号)	9 (1号)
硅溶胶中的纳米 SiO_2	2.1	2.1	2.8	0.9	1.5	2.7
硅溶胶中的水含量①	4.9	4.9	4.2	2.1	3.5	6.3
外加水①	0	0	0.7	2.8	1.4	0

①包括硅溶胶中纳米 SiO_2 在内的所有固相为 100%。

　　采用洛阳普瑞康达耐热检测设备有限公司的 NLD-3 型流动值测定仪测试试样的流动性。用 XQK-04 型显气孔体密测定仪测试试样的体积密度和显气孔率。根据式（5.6）计算试样的永久线变化率：

$$L_c = (L_1 - L_0)/L_0 \times 100\% \tag{5.6}$$

式中，L_c 为试样的永久线变化率，%；L_0 为试样烘干前的长度；L_1 为试样烧后的长度。采用 WHY-600 型压力机测试了试样的耐压强度、试样脱模及氮化后的抗折强度，采用 HMOR-03AP 型高温强度试验机测定了试样在 1200℃ 和 1400℃ 的高温抗折强度。以试样一次急热、急冷循环后的强度保持率来表征试样的热震稳定性，计算公式如下：

$$A = (A_1 - A_0)/A_0 \times 100\% \tag{5.7}$$

式中，A 为试样的残余抗折强度保持率，%；A_0 为试样氮化后的常温抗折强度；A_1 为试样经受急热（1100℃、20min）—急冷（空气中风冷 30min）一次循环后的常温抗折强度。

　　利用 XRD 分析试样的相组成，利用 SEM 和 EDS 分析试样的显微结构和断口形貌。

5.3.2 结果与讨论

5.3.2.1 流动值与干燥后试样的常温抗折强度

　　图 5.16 为加水量相同的情况下，浇注料试样的流动值。从图 5.16（a）中可知，同为使用酸性硅溶胶，使用 1 号硅溶胶的 S1 试样较使用 2 号硅溶胶的 S2 试样的流动性好，原因是 1 号硅溶胶的粒径比 2 号硅溶胶的粒径小；对比加水量相同的试样 S1 和 S3 的流动性可知，以碱性硅溶胶为结合剂的试样 S3 流动性较使用酸性硅溶胶的试样 S1 差。从图 5.16（b）中可知，对采用酸性硅溶胶的试样 S1、S4、S5 和 S6 而言，只要加水量不变，试样的流动值没有显著差别。

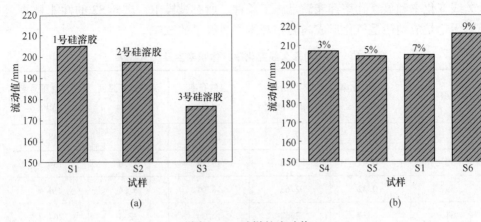

图 5.16 试样的流动值

（a）不同硅溶胶；（b）不同添加量

图 5.17 为 110℃、24h 烘干后试样的常温抗折强度。可以看出，总加水量一定的情况下，浇注料试样的烘后常温抗折强度随着硅溶胶加入量的增加而有增加的趋势，说明增加硅溶胶的用量有利于改善浇注料试样烘干后的力学性能。在硅溶胶加入量相同的情况下，使用 2 号和 3 号硅溶胶为结合剂的试样强度低于 1 号硅溶胶为结合剂的试样。

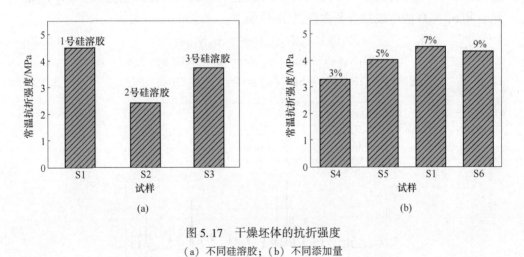

图 5.17 干燥坯体的抗折强度

（a）不同硅溶胶；（b）不同添加量

5.3.2.2 物理性能

表 5.12 为氮化后试样的永久线变化率、体积密度及显气孔率。试样 S2、S3 的显气孔率大于试样 S1，说明其流动性差、成形困难；试样 S1、S4、S5 和 S6 的

永久线变化率和显气孔率都能满足施工条件。所有试样中，试样 S2 的性能最差，说明无论是成型还是氮化形成高温相都需要足够量的 SiO_2。

表 5.12 试样的永久线变化率、体积密度及显气孔率

试样编号	永久线变化率 /%	体积密度 /g·cm⁻³	显气孔率 /%	常温抗折强度 /MPa	常温耐压强度 /MPa
S1	-0.32	2.72	16.10	41.0	248.8
S2	-0.41	2.68	19.78	25.0	154.5
S3	-0.32	2.63	18.01	37.4	214.6
S4	-0.34	2.62	16.34	32.3	264.7
S5	-0.39	2.70	16.54	33.2	208.8
S6	-0.36	2.70	16.08	38.9	250.5

5.3.2.3 物相与显微结构分析

图 5.18 为试样 S3 的 XRD 图谱。试样中的物相主要有 SiC、Si_2N_2O，以及少量的 SiO_2 和 Si，表明原料中加入的单质硅基本都原位氮化反应生成了 Si_2N_2O。结合相 Si_2N_2O 的生成过程及方程式[11-12]如下：

$$3Si(s) + 2N_2(g) \Longrightarrow Si_3N_4(s) \tag{5.8}$$

$$Si_3N_4(s) + SiO_2(s) \Longrightarrow 2Si_2N_2O(s) \tag{5.9}$$

$$3Si(s) + 2N_2(g) + SiO_2(s) \Longrightarrow 2Si_2N_2O(s) \tag{5.10}$$

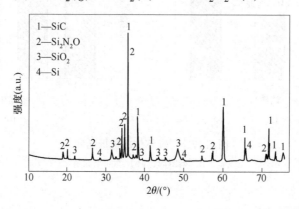

图 5.18 试样 S3 的 XRD 图谱

该实验中 SiO_2/Si 的质量之比为 8:9，高于反应方程（5.10）中的 5:7，故

氮化后试样中没有检测到氮化硅相。

图 5.19 为试样 S3 新鲜断口的显微结构照片，图中 P 点晶须状物质的能谱分析结果见表 5.13。EDS 结果表明这些晶须状的物质应该为氧氮化硅[13-14]，根据文献[15]中的结果可推测这些氧氮化硅晶须是通过气相反应生成的，其反应过程可能为：Si 首先被氧化成气态 SiO，气态 SiO 与 N_2 进一步反应生成晶须状的氧氮化硅[16]。这些呈网络状交织在一起的 Si_2N_2O 晶须有利于浇注料试样高温性能的提高。

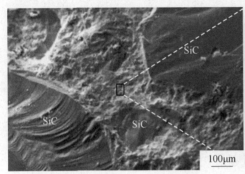

图 5.19　试样 S3 的显微结构图

表 5.13　图 5.19 中 P 点的能谱分析结果　　　　　　　　　　（%）

元素	含量	各元素在 Si_2N_2O 中的化学计量比（质量分数）
N	27	28
O	25	16
Si	48	56

晶须状的 Si_2N_2O 分布于 SiC 颗粒周围，一方面与 SiC 颗粒形成化学结合而使材料具有较高的强度，另一方面也可保护 SiC 颗粒在高温下不被氧化[17-18]，使得浇注料试样在使用条件下具有良好的高温力学性能及抗热震性。

5.3.2.4　氮化后试样的常温、高温强度

图 5.20 为氮化后试样的常温抗折强度和耐压强度，由图可知，使用不同硅溶胶的试样，试样 S1 和 S3 的常温抗折强度、耐压强度均高于试样 S2 的常温抗折强度与耐压强度。使用 1 号硅溶胶的试样 S1、S4、S5 和 S6，随着硅溶胶用量增加到 7%，其常温抗折强度和耐压强有增加的趋势，当继续增加到 9% 时，开始降低。

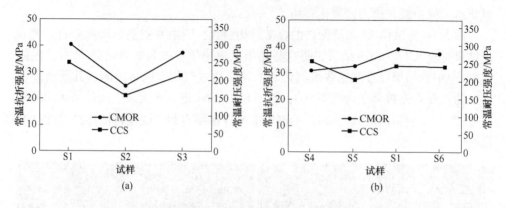

图 5.20　氮化后试样的常温抗折强度和耐压强度

图 5.21 为试样在 1400℃时的高温抗折强度。由图可知，加入 3 种不同硅溶胶的试样中，试样 S1 的高温抗折强度最大，达到 51MPa，远高于试样 S2 和 S3，同时也高于其常温抗折强度 40MPa，并且试样的高温抗折强度随 1 号酸性硅溶胶加入量的增加明显有增加的趋势，加入量超过 7%以后，强度有所下降。这说明加入粒径细小的酸性硅溶胶有利于提高浇注料试样的高温抗折强度。原因可能如下：（1）粒径小而均匀的硅溶胶在成形过程中有利于浇注料试样的颗粒堆积，进而形成均匀的结构；（2）纳米级的 SiO_2 粒子更易于参与到 Si_2N_2O 的原位氮化反应中，促进并增加 Si_2N_2O 的形成，明显改善试样的高温强度；（3）但并不是越多越有利于高温抗折强度的增加，存在极限值。

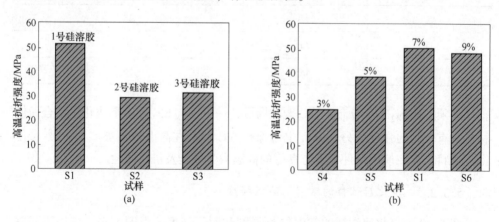

图 5.21　试样在 1400℃的高温抗折强度

5.3.2.5　氮化后试样的热震稳定性

图 5.22 和图 5.23 为试样急热（1100℃、20min）—急冷（空气中风冷 30min）

一次循环后的残余抗折强度和残余抗折强度保持率，由图可见，试样 S1 和 S6 的残余抗折强度保持率超过了 100%，说明经过热震后试样的强度反而增加了；试样 S2 虽然残余抗折强度保持率也接近 100%，但其热震前抗折强度就最低，因此残余抗折强度保持率高没有太大意义；相比之下，试样 S3、S4 和 S5 的残余抗折强度保持率低得多，原因可能是这些试样的气孔率相对较高，较为疏松的显微结构给氧气向材料内部的扩散提供了通道，使得试样易被氧化，因此其残余抗折强度保持率低。

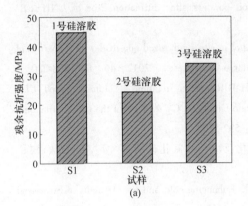
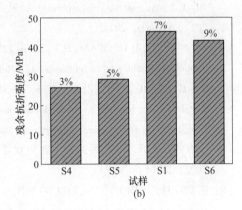

(a)   (b)

图 5.22   试样残余抗折强度

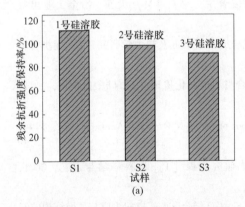
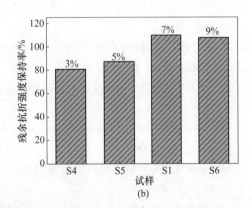

(a)   (b)

图 5.23   试样的残余抗折强度保持率

参 考 文 献

[1] KISHI K, UMEBAYASHI S. Room temperature strength and fracture toughness of Sialon ($z=0.5$) SiC composite fabricated from α-Si_3N_4, aluminum-isopropoxide and β-SiC [J]. Journal of Materials Science Letters, 1996, 15: 1990-1993.

［2］KE C M, EDREESB J J, HENDRYB A. Fabrication and microstructure of Sialon-bonded silicon carbide ［J］. Journal of the European Ceramic Society, 1999, 19: 2165-2172.

［3］洪彦若, 孙加林, 王玺堂, 等. 非氧化物复合耐火材料 ［M］. 北京: 冶金工业出版社, 2004.

［4］刘春侠, 吕祥青. SiO$_2$ 加入量对 Si$_2$N$_2$O 结合 SiC 试样相组成与显微结构的影响 ［J］. 耐火材料, 2008, 42 (1): 14-17.

［5］YU H H, WANG H F, ZHOU N S. Hot strength in relation with binding system of SiC and Al$_2$O$_3$ based castables incorporated with silicon powders after nitridation. Proc. of UNITECR′ 2013, Victoria, 2013.

［6］DU P H, YU R H, WANG H F, et al. Effects of in situ synthesized non-oxides on properties of corundum castables ［J］. Naihuocailiao (Refractories in Chinese), 2012, 46 (4): 278-280.

［7］YU R H, DU P H, ZHOU N S, et al. HMOR-bonding relation of alumina based ULC castables-oxide bonding vs in-situ formed nonoxide bonding ［C］//Proc. of the 6th International Symposium on Refractories, Zhengzhou, 2012: 532-535.

［8］李亚伟, 张忻, 田海兵, 等. 硅粉直接氮化反应合成氮化硅研究 ［J］. 硅酸盐通报, 2003, 22 (1): 30-34.

［9］WANG H F, ZHOU N S, ZHANG S H, et al. Enhancing cold and hot strengths of SiC-based castables by in situ formation of Sialon through nitridation ［C］//Proc. of UNITECR′ 2009, Salvador, 2009.

［10］洪彦若, 孙加林, 王玺堂, 等. 非氧化物复合耐火材料 ［M］. 北京: 冶金工业出版社, 2004.

［11］张海军, 刘战杰, 钟香崇. 煤矸石还原氮化合成 O′-Sialon 及热力学研究 ［J］. 无机材料学报, 2004, 19 (5): 1129.

［12］李勇, 朱晓燕. 反应烧结氮化硅-碳化硅复合材料的氮化机理 ［J］. 硅酸盐学报, 2011, 39 (3): 332.

［13］VAN R W. Synthesis and charactofization of amor-phous Si$_2$N$_2$O ［J］. J Am Ceram soc, 1994, 77 (10): 2699.

［14］张俊宝, 雷廷权, 温广武. 氮氧化硅合成研究进展 ［J］. 材料科学与工艺, 2001, 9 (4): 434.

［15］刘春侠, 吕祥青, 李杰, 等. SiO$_2$ 加入量对 Si$_2$N$_2$O 结合 SiC 试样相组成与显微结构的影响 ［J］. 耐火材料, 2008, 42 (1): 14.

［16］乐红志, 彭达岩, 文洪杰. 氮化物结合碳化硅耐火材料的研究现状 ［J］. 耐火材料, 2004, 38 (6): 435.

［17］张其土. Si$_3$N$_4$ 陶瓷材料的氧化行为及其抗氧化研究 ［J］. 陶瓷学报, 2000, 21 (1): 23.

［18］MASAYOSHI O, SHUZO K, HIDEYO T. Processing, mechanical properties, and oxidation behavior of silicon oxynitride ceramics ［J］. J Am Ceram Soc, 1991, 74 (1): 109.